练习 4-6 创建果盘模型 78 页

练习 4-8 创建鞋刷毛发 83 页

练习 5-1 制作矿车模型 88 页

练习 5-2 制作方形浴缸 92 页

练习 6-2 创建塑料材质效果 110 页

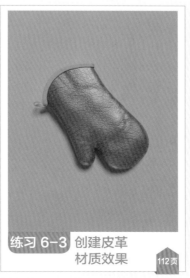

练习 6-3 创建皮革材质效果 112 页

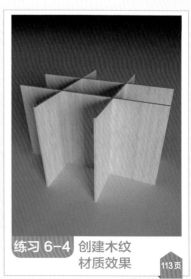

练习 6-4 创建木纹材质效果 113 页

练习 6-5　创建液态材质效果　　114页

练习 6-6　制作外景贴图　　115页

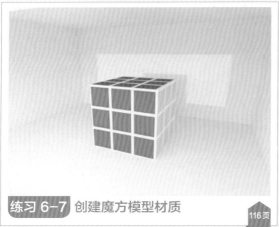

练习 6-7　创建魔方模型材质　　116页

练习 6-8　制作易拉罐模型贴图　　118页

练习 6-9　镂空效果的调试　　119页

练习 7-1　制作台灯灯光　　123页

练习 7-2 制作室内阳光 124 页

练习 7-3 光域网的应用 126 页

练习 8-1 为效果图添加室外环境贴图 132 页

练习 8-2 测试全局照明 133 页

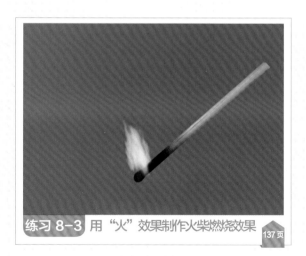

练习 8-3 用"火"效果制作火柴燃烧效果 137 页

练习 8-4 用"雾"效果制作山雾 138 页

练习 8-5 用体积雾制作室外场景　138 页

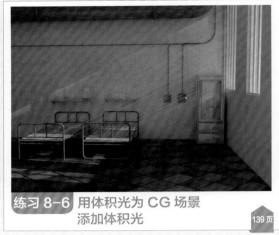

练习 8-6 用体积光为 CG 场景
添加体积光　139 页

练习 8-7 用镜头效果
制作壁灯效果　141 页

练习 8-8 用模糊效果制作烛火　142 页

练习 9-1 用"默认扫描线渲染器"渲染水墨画　149 页

练习 9-2 VRay 渲染之室内日景表现

153 页

第 9 章 拓展训练

155 页

练习 10-1 制作烟花效果

156 页

练习 10-2 制作雨夜效果

158 页

练习 10-3 制作雪景效果

159 页

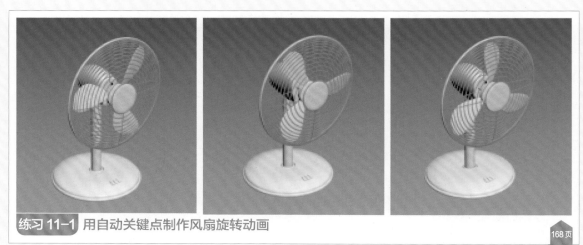

练习 11-1 用自动关键点制作风扇旋转动画

168页

练习 11-3 用曲线编辑器制作蝴蝶飞舞动画

172页

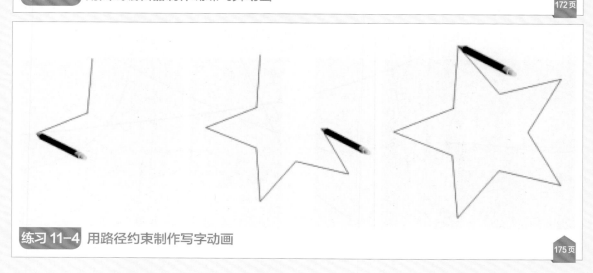

练习 11-4 用路径约束制作写字动画

175页

练习 11-5 用注视约束制作人物眼神控制器　178 页

练习 11-7 制作人物面部表情　181 页

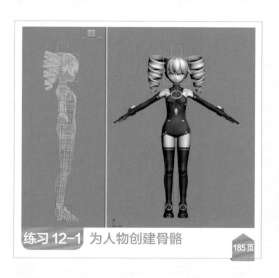

练习 12-1 为人物创建骨骼　185 页

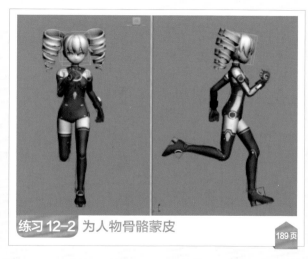

练习 12-2 为人物骨骼蒙皮　189 页

练习 12-4 用 Biped 制作人物行走动画　199 页

第 13 章 小客厅效果图设计

203 页

第 13 章 拓展练习

226 页

从新手到高手

3ds Max+VRay
动画及效果图制作

从新手到高手

柳春雨 柳春露 / 编著

清华大学出版社

北京

内 容 简 介

本书系统地讲解了 3ds Max 2020 软件的基本知识和使用方法与技巧。全书共分为四篇，总计 13 章。第一篇为基础篇（第 1~5 章），循序渐进地讲解了 3ds Max 2020 的基础知识、二维与三维图形的转换、几何体的创建、多边形建模、复合建模、NURBS 建模以及修改器的使用等内容；第二篇为渲染篇（第 6~9 章），深入讲解了材质和贴图、灯光系统和摄影机、环境和效果等内容；第三篇为动画篇（第 10~12 章），讲解了空间变形和粒子系统、动画初步制作、高级动画工具等动画制作方面的内容；第四篇为实战篇（第 13 章），以客厅效果图为例，详细讲解了使用 3ds Max 制作室内效果图的方法。

本书每章均配有大量练习，使读者能够自发联想到前面讲解的基础内容，进而积累经验，成为 3ds Max 的操作高手。

本书提供资源扫码下载，包含了书中涵盖的重要知识点和经典案例，内附高清语音、视频教学以及相关的素材文件，方便读者将书本知识与附赠资源结合起来，提高学习效率。

本书不仅适合 3ds Max 的初学者使用，也适合希望快速提高影视和广告动画制作、游戏角色和场景设计、建筑设计及室内外效果图制作水平的设计人员阅读，还可以作为各院校及培训机构相关专业课程的教材和教学参考书。

本书封面贴有清华大学出版社防伪标签，无标签者不得销售。

版权所有，侵权必究。举报：010-62782989，beiqinquan@tup.tsinghua.edu.cn。

图书在版编目（CIP）数据

3ds Max+VRay 动画及效果图制作从新手到高手 / 柳春雨，柳春露编著 . —北京：清华大学出版社，2021.4

（从新手到高手）

ISBN 978-7-302-57697-6

Ⅰ.①3… Ⅱ.①柳… ②柳… Ⅲ.①三维动画软件 Ⅳ.① TP391.414

中国版本图书馆 CIP 数据核字 (2021) 第 045432 号

责任编辑：陈绿春
封面设计：潘国文
责任校对：胡伟民
责任印制：沈　露

出版发行：清华大学出版社
　　网　　址：http://www.tup.com.cn，http://www.wqbook.com
　　地　　址：北京清华大学学研大厦 A 座　　　　　　邮　　编：100084
　　社 总 机：010-62770175　　　　　　　　　　　　邮　　购：010-83470235
　　投稿与读者服务：010-62776969，c-service@tup.tsinghua.edu.cn
　　质 量 反 馈：010-62772015，zhiliang@tup.tsinghua.edu.cn
印 装 者：北京博海升彩色印刷有限公司
经　　销：全国新华书店
开　　本：188mm×260mm　　　印　张：15　　　插　页：4　　　字　数：445 千字
版　　次：2021 年 6 月第 1 版　　　印　次：2021 年 6 月第 1 次印刷
定　　价：88.00 元

产品编号：049497-01

前　言

　　3ds Max是一款集三维建模、动画及渲染于一身的综合设计类三维制作软件，其在模型塑造、场景渲染、动画及特效等方面都能制作出高品质的对象，功能十分强大，被广泛应用于游戏制作、影视动画、工业产品设计、建筑表现和室内设计、多媒体制作、辅助教学及工程可视化等多个领域。

　　本书从易到难、由浅及深地向读者介绍了3ds Max 2020软件各方面的基础知识和基本操作。全书从实用角度出发，系统地讲解了3ds Max 2020软件主要的应用功能，包含常用的工具、面板、卷展栏和菜单命令等。本书在讲解软件应用功能的同时，还精心安排了大量实例，供读者学以致用。

　　本书分为四篇，共计13章，具体内容安排如下。

	章 节 安 排	课 程 内 容
基础篇	第1章 初识3ds Max 2020	介绍3ds Max 2020软件的功能特点和应用领域
	第2章 3ds Max 2020场景对象的操作	介绍场景文件的新建与保存、场景对象的选择以及对象的操作方法
	第3章 创建几何体模型	介绍基础建模技术和参数设置，包括创建标准基本体、扩展基本体模型等
	第4章 对象修改器	介绍对象修改器中的各种修改命令，可在二维图形的基础上生成更为高级的模型
	第5章 高级建模工具	介绍可编辑网格与多边形各卷展栏的参数含义及具体的操作使用方法
渲染篇	第6章 材质与贴图的技术	讲解3ds Max系统内置的材质编辑器、常用材质和贴图类型等
	第7章 灯光系统和摄影机	讲解灯光技术、摄影机技术及各参数的含义
	第8章 环境和效果技术	介绍光、雾、火等环境效果的添加方法
	第9章 灯光/材质/渲染综合运用	介绍显示器校色、渲染的基本常识，以及各渲染器最终渲染时所需的准备工作或辅助工具

	章 节 安 排	课 程 内 容
动画篇	第10章 粒子与空间扭曲	讲解粒子系统和空间变形的使用方法
	第11章 基础动画	介绍动画制作工具和常用的动画制作方法
	第12章 高级动画	介绍骨骼、蒙皮、Biped等高级动画制作工具
实战篇	第13章 小客厅效果图设计	通过实例详细讲解3ds Max在制作室内装修效果图中的具体应用

　　本书由哈尔滨师范大学美术学院环境艺术设计系柳春雨、柳春露编著，参与编写的还包括申玉秀、李红萍、李红术、陈文香、刘清平、李杏林、陈志民、陈军云、陈云香等。

　　本书的配套素材和视频教学文件请扫描下面的二维码进行下载，如果在下载过程中碰到问题，请联系陈老师，邮箱：chenlch@tup.tsinghua.edu.cn。

　　由于作者水平有限，书中疏漏之处在所难免。如果有任何技术问题请扫描下面的二维码联系相关技术人员解决。

配套素材

视频教学

技术支持

编者

2021年4月

目 录

第4章　对象修改器 / 69

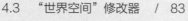

第5章 高级建模工具 / 86

渲 染 篇

第6章 材质与贴图的技术 / 106

第7章 灯光系统和摄影机 / 121

第8章 环境和效果技术 / 131

实 战 篇

第13章　小客厅效果图设计 / 203

第1章
初识3ds Max 2020

3ds Max是一款综合性的三维制作软件，功能涵盖了三维设计的方方面面。因此在许多领域中都可以看到3ds Max的身影，而且其简便易用的特点和强大的扩展功能也受到越来越多用户的好评。

――――――――――― 学 习 重 点 ―――――――――――

➤ 3ds Max 2020的简介　　　➤ 3ds Max 2020的新功能　　　➤ 3ds Max 2020的界面

1.1 什么是3ds Max 2020

Autodesk公司出品的3ds Max是世界顶级的三维软件之一，3ds Max强大的功能使其从诞生以来就一直受到CG工作者的喜爱。到目前为止，Autodesk公司已将3ds Max升级到2020版本，其功能也变得更为强大。

1.1.1 3ds Max在行业领域中的应用

3ds Max在模型塑造、场景渲染、动画以及特效等方面都能制作出高品质的对象，这也使其在插画、影视动画、游戏、产品造型和效果图渲染等领域中占据着重要地位，成为全球颇受欢迎的三维软件之一。

1. 游戏美术

3ds Max大量应用于游戏的场景、角色建模和游戏动画制作。3ds Max参与了大量的游戏制作，例如《古墓丽影》系列就是3ds Max的杰作。即使是个人爱好者，也能够利用3ds Max轻松地制作一些动画角色，如图1-1所示。3ds Max目前也是最常见的游戏角色、道具建模软件之一。

2. 设计效果图

绘制建筑和室内装修效果图是3ds Max系列产品最早的应用之一，如图1-2所示。先前的版本由于技术不完善，制作完成后，经常需要用图形软件加以处理，而现在的3ds Max 2020直接渲染输出就能够达到实际应用的效果，更由于动画技术和后期处理技术的提高，3ds Max 2020已经足以用于制作大型社区的电视动画广告。

图1-1　3ds Max制作的游戏角色

图1-2　3ds Max制作的渲染效果图

3. 影视动画

最早3ds Max系列只是用于制作精度要求不高的电视广告，随着高清晰度电视的发展，3ds Max也进入这一新领域，Discreet公司一直将制作电影级的动画效果作为其奋斗目标。现在，好莱坞大片中常常需要3ds Max参与制作，例如《阿凡达》《诸神之战》《2012》等热门电影中都引进了先进的3D技术，如图1-3所示。

图1-3　3ds Max制作影视特效

4．模型设计

在3ds Max中还可以制作出各种3D模型，用于室内设计、概念设计等，例如沙发模型、餐厅模型、卧室模型、汽车模型、室内设计模型等，如图1-4所示。

图1-4　3ds Max制作的模型

1.1.2　3ds Max 2020的新功能

相较于之前的版本，3ds Max 2020在各方面都做了很大改进，新功能介绍如下。

1．新的用户界面

3ds Max 2020的用户界面已使用流线型新图标实现了全新设计。这些图标仍保留与以前版本足够的相似之处，另外版式经过优化，具有更简洁的外观。用户界面的另一个重大改进是现在可识别HDPI，无论屏幕多大皆可使界面以最佳方式显示在高DPI显示器和笔记本电脑上。

2．混合框贴图

在材质贴图方面，3ds Max 2020新增了一个非常神奇的功能——Blended Box Map混合框贴图。例如制作不规则多复杂曲面的模型，按照以前的做法通常是从展UV开始，然后根据UV做贴图，其中接缝的问题需要特别注意。现在利用新的混合框贴图工具可以巧妙地避开展UV这个复杂的过程，直接通过映射原理，为模型制作6面贴图。还可以通过调整一个非常重要的融合值参数，将多种复杂的材质颜色无缝地融合在一起，如图1-5所示。

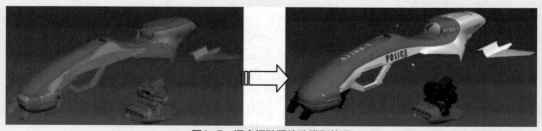
图1-5　混合框贴图修改模型外观

3．数据通道修改器

数据通道修改器是一个类似MCG的新功能，提供了一个访问Max内部节点的接口，可以更加灵活地利用模型数据来制作复杂的模型动画，从而产生自定义的程序化纹理贴图。数据通道修改器的运作原理就像一个数据流，把模型数据通过输入节点取出来，经过一系列操作节点的加工，最后由输出节点输出，从而产生丰富多彩的动画效果和材质变化。

如果想使如图1-6所示的沙发模型的最终效果呈现沙发左侧趋于真实的做旧效果，通常会在贴图上做文章，手工绘制出做旧颜色，然后贴回到材质的颜色节点上。但是如果模型产生了变化调整，特别是UV信息变化，贴图就需要重新绘制。而如果使用数据通道修改器，通过修改器窗口中诸如曲率、平滑操作、normalize等一系列节点的调整操作加工，便可以得出更具丰富变化性的渲染效果，这是一个非常利于开展创作的、自由性更强的功能。

图1-6　修改贴图效果

4．运动路径

从3ds Max 2020开始，运动路径的英文名都改为Motion Paths，此外还增加了更加灵活的调整方式，可根据用户的工作习惯灵活运用。在视口的运动路径上，不仅可以调整关键帧的位置，还可以调整关键帧的切线手柄，这样运动曲线可以变得更加平滑。

1.2　掌握3ds Max 2020的界面

3ds Max具有人性化的界面，用户初次使用时不需要设置就可以利用默认界面完成绝大部分的制作，3ds Max也允许用户最大限度地对界面进行自由设定。熟练地掌握3ds Max的界面操作可以使工作更加方便。

1.2.1　3ds Max 2020的界面组成　☆重点☆

安装好3ds Max 2020后，可以通过以下两种方式来启动。

➤ 双击桌面上的快捷图标，如图1-7所示。

➤ 单击"开始"按钮，在打开的程序列表中选择Autodesk→3ds Max 2020选项，如图1-8所示，即可启动应用程序。

图1-7　3ds Max 2020桌面图标

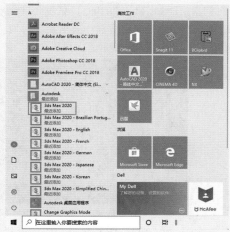

图1-8　从开始菜单中启动3ds Max 2020

启动3ds Max 2020后，可以观察到3ds Max 2020的欢迎屏幕，如图1-9所示。通过欢迎屏幕可以浏览3ds Max 2020的新功能和改进部分。

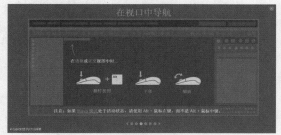

图1-9　3ds Max 2020的欢迎屏幕

关闭欢迎屏幕后便可进入其工作界面，如图1-10所示。3ds Max 2020的视口默认显示的是四视图，即"顶视图""前视图""左视图"和"透视图"，如果要切换到单一视图显示，可以单击界面右下角的"最大化视口切换"按钮或按快捷键Alt+W，如图1-11所示。

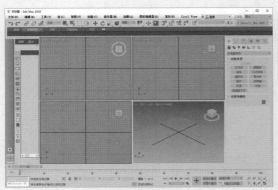

图1-10　四视图显示

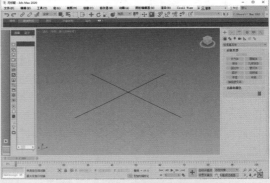

图1-11　单一视图最大化显示

　　在初次启动3ds Max 2020时，系统会自动弹出欢迎屏幕，其中包括6个入门视频教程。若想在启动3ds Max 2020时不弹出欢迎屏幕，只需要取消勾选屏幕左下角的"在启动时显示此欢迎屏幕"复选框，如图1-12所示。若要恢复欢迎屏幕，可以执行"帮助"→"欢迎屏幕"菜单命令来启用，如图1-13所示。

图1-12　欢迎使用3ds Max

图1-13　启用欢迎屏幕

　　3ds Max 2020的工作界面分为"标题栏""菜单栏""主工具栏""建模工具选项卡""导航区""视口布局选项卡""视口区域""命令面板""时间尺""状态栏""时间控制区"和"视图导航控制区"12个部分，如图1-14所示。

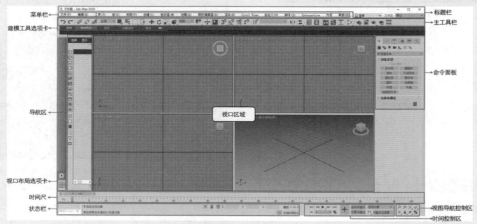

图1-14　操作界面

1.2.2　标题栏

　　"标题栏"位于界面的最顶部。"标题栏"包含当前编辑的文件名称、版本信息、快速访问工具栏，如图1-15所示。相较于以前的版本，3ds Max 2020在标题栏处做了大量删减，显示更为简洁清楚。

图1-15 标题栏

1.2.3 菜单栏

"菜单栏"位于操作界面的顶端,包含"文件""编辑""工具""组""视图""创建""修改器""动画""图形编辑器""渲染""Civil View""自定义""脚本""Interactive""内容"和"帮助"16个主菜单,如图1-16所示。

文件(F) 编辑(E) 工具(T) 组(G) 视图(V) 创建(C) 修改器(M) 动画(A) 图形编辑器(D) 渲染(R) Civil View 自定义(U) 脚本(S) Interactive 内容 帮助(H)

图1-16 菜单栏

各菜单的主要作用介绍如下。

- ➢ 文件:提供了包括新建、打开、保存、另存为等一系列文件操作命令。
- ➢ 编辑:包含用于在场景中选择和编辑对象的命令。
- ➢ 工具:显示可帮助更改或管理对象,特别是对象集合的对话框。
- ➢ 组:包含用于将场景中的对象成组和解组的功能。
- ➢ 视图:包含用于设置和控制视口的命令。
- ➢ 创建:提供了创建几何体、灯光、摄影机和辅助对象的方法,该菜单包含各种子菜单。
- ➢ 修改器:提供了快速应用常用修改器的方式。该菜单将划分为一些子菜单,此菜单上各个项的可用性取决于当前选择。如果修改器不适用于当前选定的对象,则在该菜单上不可用。
- ➢ 动画:提供一组有关动画、约束和控制器以及反向运动学解算器的命令。此处还提供自定义属性和参数关联控件,以及用于创建、查看和重命名动画预览的控件。
- ➢ 图形编辑器:可以访问用于管理场景及其层次和动画的图表子窗口。
- ➢ 渲染:包含用于渲染场景、设置环境和渲染效果、使用Video Post合成场景以及访问RAM播放器的命令。
- ➢ Civil View:Civil View是一款供土木工程师和交通运输基础设施规划人员使用的可视化工具。Civil View可与各种土木设计应用程序(包括AutoCAD Civil 3D软件)紧密集成,从而在发生设计更改时可以立即更新可视化模型。
- ➢ 自定义:包含用于自定义3ds Max用户界面(UI)的命令。
- ➢ 脚本:即以前版本中的MAX Script菜单,是3ds Max的内置脚本语言。其主要界面MAX Script菜单包含用于创建和处理脚本的命令。
- ➢ Interactive:需要单独下载3ds Max interactive插件方能使用,可以将3ds Max功能与虚拟现实引擎整合在一起,用来打造沉浸式建筑可视化效果。
- ➢ 内容:通过该菜单可以访问3ds Max的资源库,加载软件预置的一些模型。
- ➢ 帮助:通过"帮助"菜单可以访问3ds Max联机帮助以及其他学习资源。

1.2.4 主工具栏 ☆重点☆

主工具栏中集合了最常见的一些编辑工具,如图1-17所示为默认状态下的主工具栏。

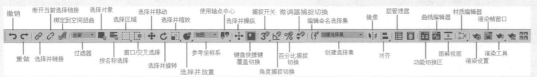

图1-17 主工具栏

其中一些工具的右下角有一个三角形图标，例如 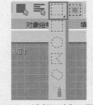，单击该图标就会弹出下拉工具列表，如图1-18所示。

主工具栏中的部分工具介绍如下。

➢ 选择并链接 ⊘：该工具主要用于建立对象之间的父子链接关系与定义层级关系，但是只能父级物体带动子级物

图1-18 选择区域工具列表

体，而子级物体的变化不会影响父级物体。

➢ 断开当前选择链接 ⊘：主要用来断开建立父子链接关系的对象。

➢ 绑定到空间扭曲 ✍：使用该工具，可以将指定的对象绑定到空间扭曲对象之上。

➢ 过滤器 全部 ▾：通过执行该下拉列表中的命令能过滤掉不需要选择的对象。

➢ 选择对象 ▣：该工具的主要作用是选择对象，但无法进行移动、旋转和缩放。

➢ 窗口/交叉选择 ▦：提供了"窗口" ▦ 和"交叉" ▦ 两种对象选择模式。默认为"交叉"模式，单击该按钮可以进行切换。在"交叉"模式下框选对象时，选择框接触到的对象都会被选中，如图1-19所示；在"窗口"模式下，只有选择框完全包裹住的对象才会被选中，如图1-20所示。

➢ 选择并移动 ✛：该工具主要用来选择并移动对象，可以将对象移动到任何位置。

➢ 选择并旋转 ↻：该工具主要用来选择并旋转对象。

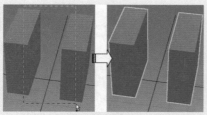

图1-19 "交叉"模式下选择对象

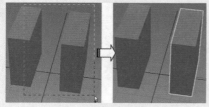

图1-20 "窗口"模式下选择对象

➢ 选择并缩放 ▣：该工具主要用来选择并缩放对象。

➢ 选择并操纵 ✛：该工具被激活后，可以与处于活动状态的选择模式或变换模式一起对图形对象执行操纵。但是在选择操纵器辅助对象之前，应使"选择并操纵"工具处于未激活状态，此时工具图标显示为 ✛。

➢ 键盘快捷键覆盖切换 ▣：系统默认开启该工具，因为其可以同时识别"主用户界面"快捷键以及功能区域快捷键。当该工具处于关闭状态时，则仅能识别"主用户界面"快捷键。

➢ 捕捉开关 3³：单击该工具按钮，或者按快捷键S，都可以选择该工具。在工具列表中显示了三种捕捉工具，如图1-21所示。在工具按钮上右击，系统弹出如图1-22所示的"栅格和捕捉设置"对话框，在其中可以设置捕捉类型以及与捕捉有关的参数值。

图1-21 工具列表

a）2D捕捉 2²：用来捕捉活动的栅格。

b）2.5D捕捉 2²：用来捕捉根据网格得到的几何体或者捕捉结构。

c）3D捕捉 3³：用来捕捉3D空间中的任何位置。

图1-22 栅格和捕捉设置

➢ 角度捕捉切换 ⌖：单击该工具按钮，或者按快捷键A，都可以选择该工具，该工具被激活后显示为 ⌖。在对图形对象执行旋转操作时，系统默认以5°为增量进行旋转，如图1-23所示。

3ds Max+VRay动画及效果图制作从新手到高手

图1-23 角度捕捉切换

> 百分比捕捉切换 %：单击该工具按钮，或者按快捷键Shift+Ctrl+P，都可以选择该工具，该工具被激活后显示为 %。在对图形对象执行缩放操作时，系统默认每次的缩放百分比为10%。在该工具按钮上右击，系统弹出如图1-24所示的"栅格和捕捉设置"对话框，在"通用"选项组下的"百分比"选项卡中可以更改缩放的百分比数值。

图1-24 更改缩放的百分比数值

> 微调器捕捉切换 ：单击该工具按钮，在对图形执行变换操作时，可以设置其变换结果的增加值或减小值。在该工具按钮上右击，系统弹出如图1-25所示的"首选项设置"对话框，在其中的"微调器"选项组下可以设置微调器捕捉的参数。

图1-25 首选项设置

> 编辑命名选择集 ：在场景中选择一个或者多个图形对象，然后在主工具栏上单击该工具按钮，系统弹出如图1-26所示的"命名选择集"对话框。在对话框中单击"创建新集"按钮 ，可以创建新的选择集操作；单击选择集名称前的 ，可在列表中显示该选择集中各图形的名称，如图1-27所示。

图1-26 命名选择集

图1-27 创建新集

> 镜像 ：可创建选定对象的镜像克隆，或在不创建克隆的情况下对对象进行镜像操作。
> 对齐 ：可将当前选择与目标选择进行对齐。
> 功能切换区 ：单击该工具按钮，可以调出建模工具选项卡，如图1-28所示。该选项卡能为多边形建模提供便利。

图1-28 建模工具选项卡

> 曲线编辑器 ：单击该工具按钮，系统弹出如图1-29所示的"轨迹视图—曲线编辑器"对话框。在对话框中用曲线来表示运动，使运动的插值及软件在关键帧之间创建的对象变换更加直观化。

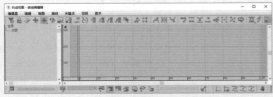

图1-29　轨迹视图—曲线编辑器

- 图解视图 ：单击该工具按钮，系统弹出如图1-30所示的"图解视图"对话框。在其中可以访问对象的属性、材质、控制器、修改器、层次和不可见场景关系，也可查看、创建、编辑对象之间的关系，还可创建层次、指定控制器、材质、修改器以及约束等。

图1-30　图解视图

- 材质编辑器 ：单击该工具按钮，或者按快捷键M，系统弹出如图1-31所示的"Slate 材质编辑器"对话框，在其中可以编辑对象的材质。单击"Slate 材质编辑器"对话框菜单栏上的"模式"菜单，在弹出的列表中选择"精简材质编辑器"选项，即可切换至旧版本的"材质编辑器"对话框，如图1-32所示。

- 渲染设置 ：单击该工具按钮，或者按快捷键F10，系统弹出如图1-33所示的"渲染设置"对话框，其中包含"公用""渲染器""Render Elements""光线跟踪器""高级照明"选项卡，所有的渲染参数设置都可在这几个选项卡中完成。

图1-31　Slate 材质编辑器

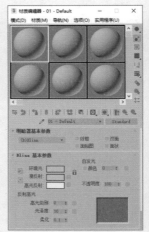

图1-32　材质编辑器　　　图1-33　渲染设置

- 渲染帧窗口 ：单击该工具按钮，系统弹出如图1-34所示的"渲染帧窗口"对话框，在该对话框的上方提供了各任务选项，分别有选择渲染区域、切换图像通道、存储渲染图、打印渲染图等。

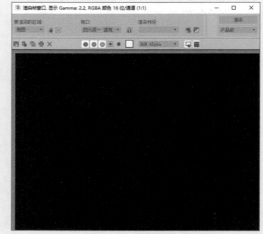

图1-34　渲染帧窗口

- 渲染工具 ：单击该工具按钮，系统弹出如图1-35所示的"渲染"对话框，其中显示了图像渲染的进度和参数。

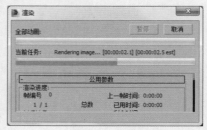

图1-35　渲染

3ds Max+VRay动画及效果图制作从新手到高手

1.2.5 命令面板 ☆重点☆

命令面板位于工作界面的右上角，可以完成对场景中各类对象的操作。系统默认显示"创建"面板 ➕，另外还有"修改"面板 ◪、"层次"面板 ▦、"运动"面板 ◉、"显示"面板 ▤ 和"实用程序"面板 ⚙。

1．"创建"面板

"创建"面板 ➕ 是最常用的面板，该面板中包含7种工具按钮，分别为"几何体"工具 ◉、"图形"工具 ◪、"灯光"工具 ◉、"摄影机"工具 ▣、"辅助对象"工具 ◣、"空间扭曲"工具 ▤、"系统"工具 ◔。单击每个工具按钮，都可以弹出对应的命令列表，如图1-36、图1-37所示。通过单击列表上的命令，可以创建相应的图形对象。

图1-36 几何体列表　　图1-37 图形列表
（默认显示命令面板）

- 几何体 ◉：可以创建标准基本体（长方体、球体）、扩展基本体（异面体、切角长方体）、复合对象（变形、布尔）、粒子系统（喷射、雪）等类型的图形对象。
- 图形 ◪：可以创建样条线、NURBS曲线以及扩展样条线。
- 灯光 ◉：能在场景中创建光度学、标准类型的灯光，这些灯光都可以用来模拟现实世界中的灯光效果。
- 摄影机 ▣：在场景中创建摄影机，分为目标和自由两种类型。
- 辅助对象 ◣：可以创建"标准""大气装置""摄影机匹配"等对象，这些对象用来创建有助于场景制作的辅助对象。
- 空间扭曲：可以制作"力""导向器""几何/可变形"等改变物体形态的效果，使这些空间扭曲功能与指定的对象发生作用，从而产生不同的扭曲效果。
- 系统 ◔：能将对象、控制器及层次对象进行组合，提供与某种行为相关联的几何体，包含模拟场景中的太阳光系统和日光系统。

2．"修改"面板

"修改"面板用来更改被选中的图形对象的参数，单击"修改器列表"选框右边的向下箭头，在弹出的列表中显示了各类修改命令，如图1-38所示。同时，在"修改"面板中的卷展栏中可以调整图形对象的参数值，如图1-39所示。

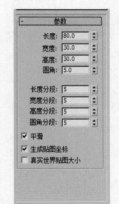

图1-38 "修改器列表"　　图1-39 "参数"卷展栏

3．"层次"面板

"层次"面板包含3种工具按钮，分别是"轴""IK"和"链接信息"。通过查看这些工具内所包含的参数，可以知晓调整对象间的层次链接信息，也可创建两个对象的链接关系，还可建立对象之间的父子关系。

- 轴：系统默认选择该工具，其中包含"调整轴""工作轴""调整变换""蒙皮姿势"四种类型的参数，通过修改这些参数可以调整对象和修改器中心位置/定义对象之间的父子关系等，如图1-40所示。
- IK：该工具包含"反向动力学""对象参数""自动终结"等多项参数，主要用来定义动画的相关属性，如图1-41所示。

图1-40 轴（默认显示　　图1-41 IK
　　　层次面板）

▶ 链接信息：该工具包含"锁定""继承"两类参数，可以限制对象在特定轴中的移动关系，如图1-42所示。

4. "运动"面板

"运动"面板由"参数"工具、"运动路径"工具组成，如图1-43所示，其中的各项参数可以用来调整关键点的时间及其缓入和缓出效果。

图1-42　链接信息

图1-43　"运动"面板

5. "显示"面板

"显示"面板由"显示颜色""按类别隐藏""隐藏"等多项参数组成，如图1-44所示，可以用来设置场景中控制对象的显示方式。

6. "实用程序"面板

在"实用程序"面板中可以访问各种工具程序，例如"资源浏览器""透视匹配""塌陷"等，如图1-45所示。

图1-44　"显示"面板

图1-45　实用工具

1.2.6　视口区域

视口区域是3ds Max中用来进行实际操作的区域，也是工作界面中面积最大的区域。系统默认显示顶视图、左视图、前视图以及透视图，在各视图的左上角均显示有导航器，如图1-46所示，通过导航器可以更改在视图中观察对象的角度以及对象的显示方式。

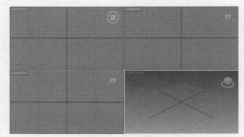

图1-46　视口区域

单击选中其中的一个视口，按快捷键Alt+W，可以将视口最大化，如图1-47所示，再次按快捷键Alt+W即可返回原视图。顶视图的快捷键为T，左视图的快捷键为L，前视图的快捷键为F，透视图的快捷键为P，摄影机视图的快捷键为C。按相应的快捷键，便可以切换至对应的视图。

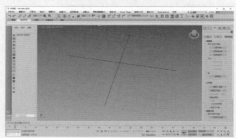

图1-47　视口最大化

◉提示·◦

若快捷键Alt+W与其他软件热键有冲突，则可以单击工作界面右下角的"视图导航控制区"中的"最大化视口切换"按钮，进行视图最大化切换。建议用户自行更换其他软件的热键，以免影响工作效率。

1.2.7　时间控件　☆重点☆

1. 时间尺

"时间尺"包括时间线滑块和轨迹栏两大部分，时间线滑块位于视图的最下方，用于制定帧，

3ds Max+VRay动画及效果图制作从新手到高手

默认帧数为100，如图1-48所示。轨迹栏位于时间线滑块的下方，主要用于显示帧数和选定对象的关键点，在这里可以移动、复制、删除关键点以及更改关键点的属性，如图1-49所示。

图1-48　时间线滑块

图1-49　轨迹栏

2. 时间控制区

时间控制区位于操作界面的底部，主要用于预览动画、创建动画关键帧、配置动画时间，位于状态栏和视图导航控制区之间，如图1-50所示。在时间控制区中右击，可弹出"时间配置"对话框，其中包含了帧速率、时间显示、播放和动画选项组。可以在该对话框中更改动画的长度、设置活动时间段和动画的开始帧、结束帧，如图1-51所示。

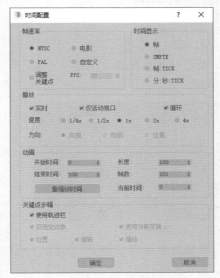

图1-50　时间控制区　　　　图1-51　"时间配置"对话框

1.2.8　状态栏

状态栏位于工作界面的底部，能够显示当前场景的情况，包括图形对象的状态、位置等，提示栏会显示简短的提示语言，提醒用户下一步应进行的操作，如图1-52所示。

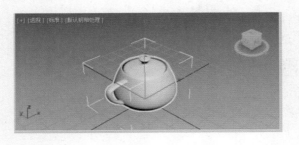

图1-52　状态栏

【练习1-1】：创建一个简单的茶杯模型　☆重点☆

01 启动3ds Max 2020，在"创建"面板的"几何体"下拉列表中选择"标准基本体"选项，单击"茶壶"按钮，如图1-53所示。

图1-53　"茶壶"

02 接着在视口中按住左键拖曳，创建一个茶壶，如图1-54所示。

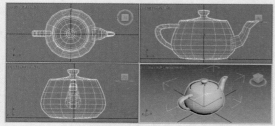

图1-54　创建"茶壶"

03 在"参数"卷展栏中设置"半径"为20、"分段"为12，在"茶壶部件"选项组中取消勾选"壶嘴"选项，如图1-55所示，得到的茶杯模型如图1-56所示。

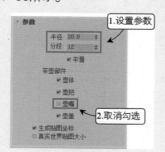

图1-55　"茶壶"参数

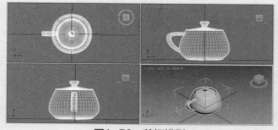

图1-56　茶杯模型

1.3　使用3ds Max 2020的视口

视口区域是操作界面中最大的一个区域，也是3ds Max中用于实际工作的区域，默认状态下为四视图显示，包括顶视图、左视图、前视图和透视图，在这些视图中可以从不同的角度对场景中的对象进行观察和编辑。

1.3.1　视口控制工具

在视口左上角的导航器中包含四个标签菜单。

➢ 第一个菜单 [+]：单击控件按钮，弹出如图1-57所示的菜单，在其中可以还原、激活、禁用视口以及创建预览等。

➢ 第二个菜单 [ ]：单击控件按钮，弹出如图1-58所示的菜单，在其中可以更改视口的类型。

图1-57　第一个菜单　　图1-58　第二个菜单

➢ 第三个菜单 [标准]：单击控件按钮，弹出如图1-59所示的菜单，在其中可以更改视口中模型的显示质量。

➢ 第四个菜单 [线框]：单击控件按钮，弹出如图1-60所示的菜单，在其中可以更改视口中图形的显示方式。

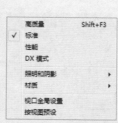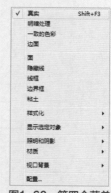

图1-59　第三个菜单　　图1-60　第四个菜单

此外，控制视图显示和导航的按钮位于工作界面的右下角，是激活视图的控制工具，主要用于调整视图显示的大小和方位，可以对视图进行缩放、局部放大、满屏显示、旋转以及平移等显示状态的调整。其中有些按钮会根据当前被激活视图的不同而发生变化，如图1-61所示。

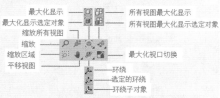

图1-61　视图控制区

1.3.2　自定义视口布局

系统默认以相同大小显示四视图，单击工作界面左下角的"创建新的视口布局选项卡"按钮▶，弹出如图1-62所示的"标准视口布局"选项板，在其中可以选择系统预设的其他标准视口布局，如图1-63所示。

图1-62　"标准视口布局"选项板

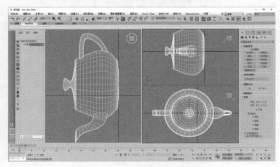

图1-63　不同的视口布局

【练习1-2】：设置个性化的布局界面

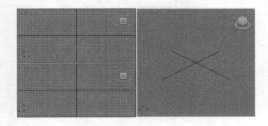

① 启动 3ds Max 2020，在视口布局选项卡栏（视口左侧的垂直栏）单击选项卡上方的箭头按钮▶，在弹出的"标准视口布局"中单击第一排第二个布局图标▊，如图1-64所示，此时视口效果如图1-65所示。

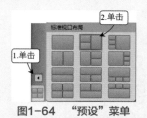

图1-64　"预设"菜单

图1-65　默认视口效果

② 在左上角的"顶"视图按F键切换到"前"视图；在左下角的"前"视图中右击，按L键切换到"左"视图；在右侧的"左"视图中右击，按P键切换到"透视"视图，视口效果如图1-66所示。

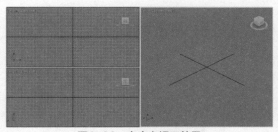

图1-66　自定义视口效果

③ 在"视口布局"选项卡栏中右击选项卡，打开上下文菜单，然后单击"名称"字段，将名称更改为"前、左、透视"，单击"将配置另存为预设"按钮，如图1-67所示。

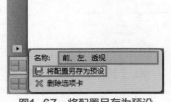

图1-67　将配置另存为预设

04 再次单击选项卡上方的箭头按钮▶，在"预设"菜单上可以看到上一步自定义保存的视口布局，以便随时调取使用，如图1-68所示。

图1-68　查看"自定义"预设

1.3.3　改变视口背景

在默认情况下，3ds Max 2020透视图的背景颜色为灰度渐变色，如图1-69所示。执行"视图"→"视口背景"→"纯色"菜单命令，可以将透视图的背景颜色切换为纯色，如图1-70所示。

图1-69　灰色背景的透视图　　图1-70　纯色背景的透视图

1.4　自定义用户界面

在3ds Max 2020中，用户可以自定义软件的操作界面，相关的命令都集中在"自定义"菜单中，如图1-71所示。

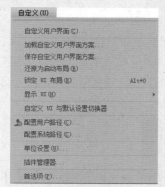

图1-71　"自定义"菜单

1.4.1　配置用户界面

在"自定义"菜单中，选择其中的"自定义用户界面"选项，可以打开"自定义用户界面"对话框。在该对话框中可以创建一个完全自定义的用户界面，包括键盘、鼠标、工具栏、四元菜单、菜单和颜色选项卡，如图1-72所示。

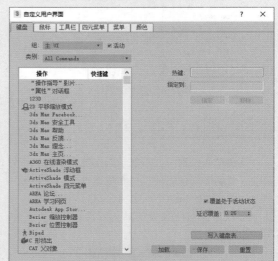

图1-72　"自定义用户界面"对话框

【练习1-3】：设置界面颜色

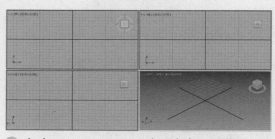

01 启动3ds Max 2020，在"自定义"菜单的下拉列表中，选择"自定义用户界面"选项，如图1-73所示。

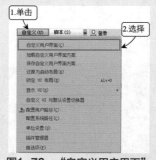

图1-73　"自定义用户界面"

02 在打开的"自定义用户界面"窗口中单击"颜色"选项卡,选择"视口元素"列表中的"视口背景"选项,可以看到默认"视口背景"颜色为"灰色",如图1-74所示。

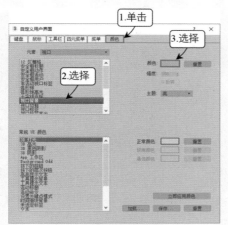

图1-74 "颜色"选项卡

03 单击"颜色"按钮██████,打开"颜色选择器"对话框,设置"色调"为219、"饱和度"为97、"亮度"为240,单击"确定"按钮,如图1-75所示。

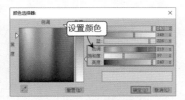

图1-75 "颜色选择器"

04 在"自定义用户界面"窗口,执行"立即应用颜色"命令,如图1-76所示。

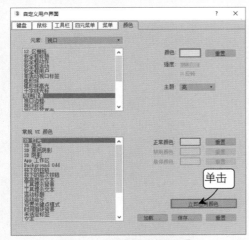

图1-76 "立即应用颜色"

05 视口背景颜色如图1-77所示。

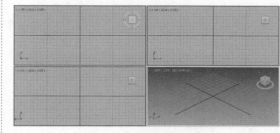

图1-77 视口背景效果

3ds Max 2020预设了几种界面样式,用户可以通过选择"自定义"菜单下的"加载自定义用户界面方案"选项,打开"加载自定义用户界面方案"对话框,在对话框中选择所需的界面方案,如图1-78所示。

图1-78 "加载自定义用户界面方案"选项

3ds Max 2020的界面颜色默认为黑色,如果用户的视力不好,那么很可能看不清界面上的文字,如图1-79所示。

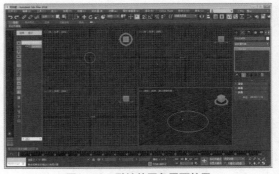

图1-79 默认的黑色界面效果

这时就可以利用"加载自定义用户界面方案"

命令来更改界面颜色。例如，要将界面颜色调整为亮灰色，在"自定义"菜单下选择"加载自定义用户界面方案"选项，然后在打开的对话框中选择"ame-light.ui"界面方案即可，如图1-80所示。此时界面颜色便会转换为如图1-81所示的亮灰色，本书为方便读者观阅，默认采用此种界面方案。

图1-80　选择用户界面方案

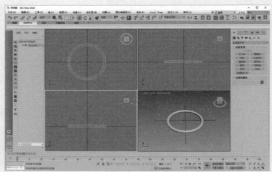

图1-81　亮灰色的界面方案

第2章
3ds Max 2020场景对象的操作

在3ds Max图形化的界面窗口中，用户要掌握3ds Max的建模、渲染、动画制作等各项操作，首先需要熟练地掌握3ds Max中关于对象的基本操作方法。本章具体介绍场景文件的新建与保存、场景对象的选择以及对象的基本操作。

学 习 重 点

➤ 3ds Max 2020场景文件的相关操作
➤ 3ds Max 2020模型对象的选择
➤ 3ds Max 2020对象的基本操作

2.1 使用场景文件

单击"文件"菜单会弹出一个用于管理场景文件的下拉菜单。主要包括"新建""重置""打开""保存"等多个常用命令，本节详细讲解如何新建、保存和导入场景文件。

2.1.1 新建场景文件 ☆重点☆

"新建"命令的使用频率很高，主要用于新建场景，包含4种方式，如图2-1所示。

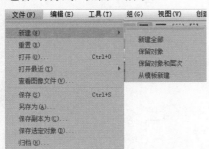

图2-1 新建场景文件

各方式含义介绍如下。

➤ 新建全部：新建一个场景，并清除当前场景中的所有内容。

➤ 保留对象：保留场景中的对象，但是删除对象之间的任意链接以及任意动画键。

➤ 保留对象和层次：保留对象以及对象之间的层次链接，但是删除任意动画键。

➤ 从模板新建：从3ds Max预设的模板中创建场景，会自动带有一些图形信息。

【练习2-1】：创建第一个场景文件

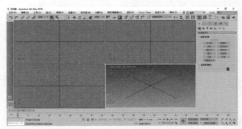

① 启动3ds Max 2020，关闭开场动画，即可自动进入一个未命名的场景文件，如图2-2所示。

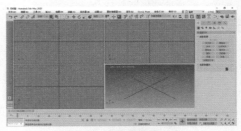

图2-2 未命名场景文件

② 也可以通过单击"文件"菜单中的"新建"命令创建空白文档，如图2-3所示。

③ 此外，如果单击"文件"菜单中的"重置"命令，在弹出的"3ds Max"重置对话框中单击"是"按钮，也可以创建一个新的场景文件，如图2-4所示。

17

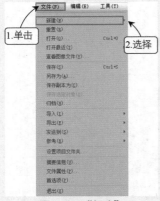

图2-3 "新建"

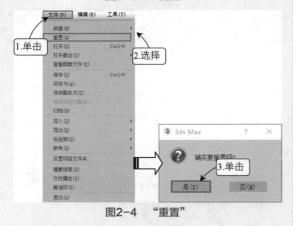

图2-4 "重置"

◎提示·○

"重置"命令可以理解为"刷新文档"，可将当前文件所有数据删除，退回至场景新建时的效果。如果此时视口区域中有未保存的模型文件，那么将会弹出如图2-5所示的对话框，如单击"保存"按钮则会保存文件后再进行重置，否则将直接重置。

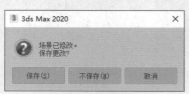

图2-5 提示对话框

2.1.2 场景文件的保存

"文件"菜单中的"保存"命令也是常用的命令，执行该命令可以保存当前场景。如果先前没有保存场景，则执行该命令会打开"文件另存为"对

话框，在该对话框中可以设置文件的保存位置、文件名以及保存类型，如图2-6所示。

执行"文件"→"另存为"命令，同样可以打开"文件另存为"对话框。

图2-6 "文件另存为"对话框

【练习2-2】：保存场景文件

① 启动3ds Max 2020，单击"文件"菜单下的"打开"命令，在弹出"打开文件"对话框中定位至本书素材"第2章\2-2保存场景文件.max"，单击"打开"按钮，如图2-7所示。

图2-7 "打开文件"对话框

② 单击"文件"菜单下的"保存"命令，如图2-8所示。

③ 在弹出的"文件另存为"对话框中设置"保存路径""文件名"和"保存类型"，设置完成后单击"保存"按钮，如图2-9所示。

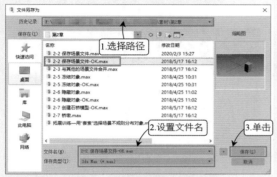

图2-8　在菜单栏中选择"保存"选项

图2-9　"文件另存为"对话框

04 场景文件保存效果如图2-10所示。

图2-10　保存的场景文件

⊙提示·⊙

在"文件另存为"对话框中可以在"保存类型"下拉列表中选择3ds Max的软件版本，选择高版本保存的文件无法被低版本的软件打开，反之高版本软件可以打开低版本的3ds Max文件。

2.1.3　场景文件的合并与导入　☆重点☆

场景文件的合并与导入也可在"文件"菜单中完成，执行"文件"→"导入"命令，在打开的"选择要导入的文件"对话框中可以选择要加入场景的文件，如图2-11所示。

"合并"命令也位于"导入"列表中，执行"文件"→"导入"→"合并"命令，可以将保存的场景文件中的对象加载到当前场景中，如图2-12所示。

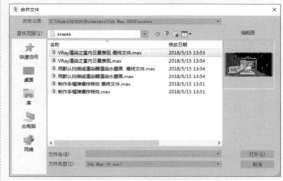

图2-11　选择导入的文件对话框

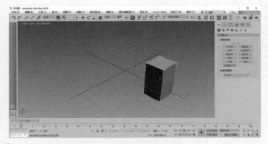

图2-12　合并文件对话框

【练习2-3】：与其他的场景文件合并

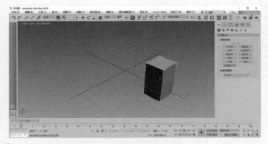

01 启动3ds Max 2020，新建一个空白场景文件。

02 单击"文件"菜单下的"导入"命令，在"导入"列表中选择"合并"选项，如图2-13所示。

图2-13　从菜单栏中执行"合并"命令

03 在弹出的"合并文件"对话框中，选择素材文件夹中的"第2章\2-3与其他的场景文件合并.max"场景文件作为要合并的文件项目，在对话框右侧可以观察缩略图了解所选场景文件的内容，可见本例要合并的场景中包含一个"长方体"对象。单击"打开"按钮，如图2-14所示。

图2-14　"合并文件"对话框

04 在"合并-项目名称"对话框中，选择要合并的组或项目，单击"确定"按钮，如图2-15所示。

图2-15　选择合并项目

05 项目合并效果如图2-16所示。

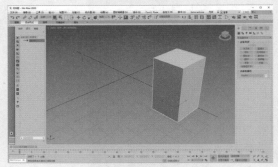

图2-16　项目合并效果

【练习2-4】：导入OBJ文件到3ds Max

01 启动3ds Max 2020，新建或打开一个场景文件。

02 选择"文件"菜单下的"导入"命令，在弹出的列表中单击"导入"按钮，如图2-17所示。

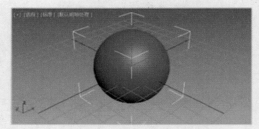

图2-17　从菜单栏中执行"导入"命令

03 在弹出的"选择要导入的文件"对话框中，打开OBJ文件所在的文件夹，选择文件对象，单击"打开"按钮，如图2-18所示。

04 在弹出的"OBJ导入选项"对话框中单击"确定"按钮，如图2-19所示。

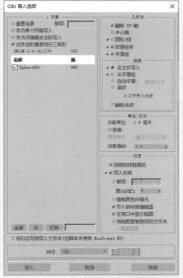

图2-18 选择OBJ文件

图2-19 "OBJ导入选项"对话框

05 OBJ文件导入效果如图2-20所示。

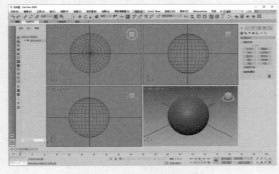

图2-20 OBJ文件导入效果

2.2 场景对象的选择

本节主要介绍如何使用不同的方法选择相应的对象。

2.2.1 场景对象的筛选 ☆重点☆

在主工具栏上单击"选择对象"工具，再返回视图中单击待选的图形对象，可以实现选择操作，如图2-21所示。

图2-21 "选择"对象

⊙提示⊙

选择对象的方式还有框选、加选、减选、反选、孤立选择对象五种。

1．框选图形

单击"选择对象"工具，在待选图形上拉出选框，如图 2-22所示，位于选框内的图形将被选中，如图 2-23所示。值得注意的是，只能选中"选择过滤器"中所定义类型的图像。

图 2-22 拉出选框 图 2-23 选择对象

在使用"选择对象"工具选择对象时，系统默认选框类型为矩形选框，按快捷键Q可以切换选框的类型，主要包含"圆形"选框、"围栏"选框、"套索"选框、"绘制"选框。图2-24、图 2-25为使用"圆形"选框、"围栏"选框来选择对象的操作效果。

图 2-24 "圆形"选框 图 2-25 "围栏"选框

2．加选图形

如果想向选择集中新增对象，可按住Ctrl键，然后单击其他需要加入的图形，即可将其添加至选择集中，如图 2-26所示。

图 2-26　加选图形

3．减选图形

如果想要从选择集中减去不需要的对象，则可按住Alt键，单击需要减去的图形，即可将其从选择集中减去，如图 2-27所示。

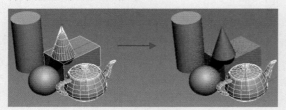

图 2-27　减选图形

4．反选图形

如果想要选择被选中图形以外的对象，按快捷键Ctrl+I，即可反选图形，如图 2-28所示。

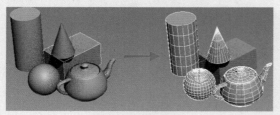

图 2-28　反选图形

5．孤立图形

使用这种方法选择对象，可以单独显示被选中的对象，方便用户进行编辑和修改，如图 2-29所示。执行"工具"→"结束隔离"命令，或者在右键菜单中选择"结束隔离"选项，即可恢复其他图形的显示状态。

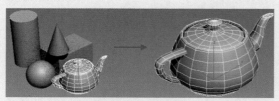

图 2-29　孤立图形

2.2.2　按颜色选择对象

执行"按颜色选择"命令可以选择与选定对象具有相同颜色的所有对象。

执行"编辑"→"选择方式"→"颜色"命令，如图2-30所示，将按线框颜色进行选择，而不是按与对象相关联的任何材质进行选择。执行此命令后，单击场景中的任何对象来确定选择集的颜色。

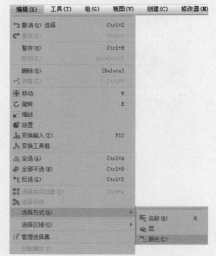

图2-30　选择"颜色"命令

2.2.3　对象的冻结与隐藏

在3ds Max 2020中，执行冻结操作会将对象变为无法选择的灰色，但仍可见。而执行隐藏操作会将对象变为隐藏状态，既无法选择也无法看见。冻结或隐藏对象后，任何操作都无法对其造成影响。

选中要冻结的对象，右击，从弹出的快捷菜单中选择"冻结当前选择"命令，即可冻结对象；选择"全部解冻"命令，可解除所有冻结对象的冻结状态。

隐藏对象与冻结对象的操作类似，右击对象，从弹出的快捷菜单中选择"隐藏当前选择"命令，即可隐藏对象；选择"全部取消隐藏"命令，可取消所有隐藏对象的隐藏状态；选择"按名称取消隐藏"命令，可打开"取消隐藏对象"对话框，利用该对话框可取消指定对象的隐藏状态。

下面通过实例练习来介绍冻结与隐藏对象的具体操作方法。

【练习2-5】：冻结对象

01 打开素材文件"第2章\2-5冻结对象.max"，场景中包含几个原始几何体，如图2-31所示。

图2-31 素材文件效果

02 单击选择需要冻结的茶壶几何体对象，如图2-32所示。

图2-32 选择"茶壶"

03 在视口任意位置右击，在弹出的"四元菜单"列表中执行"冻结当前选择"命令，如图2-33所示。

04 茶壶几何体冻结效果如图2-34所示。

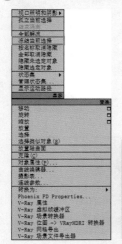

图2-33 "冻结当前选择"　图2-34 茶壶冻结效果

【练习2-6】：隐藏对象

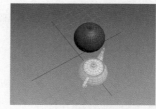

01 打开素材文件"第2章\2-6隐藏对象.max"，场景中包含几个原始几何体，如图2-35所示。

图2-35 素材文件效果

02 单击选择需要隐藏的长方体对象，如图2-36所示。

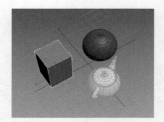

图2-36 选项"长方体"

03 在视口任意位置右击，在弹出"四元菜单"列表中执行"隐藏选定对象"命令，如图2-37所示。

04 长方体对象隐藏效果如图2-38所示。

图2-37 "隐藏选　　图2-38 长方体对象
定对象"　　　　　隐藏效果

2.3 对象的操作

主工具栏位于菜单栏的下方，其中包括一些常用的编辑工具，例如选择、切换、镜像、对齐等。

2.3.1 移动、旋转和缩放

在常用的编辑工具中，移动、旋转和缩放是最重要的工具。

1．选择并移动

单击主工具栏上的"选择并移动"工具 ✛，或者按快捷键W，都可以激活该工具。

使用该工具选择对象时，在图形上会显示坐标移动控制器。将光标置于轴向的中间，可以在多个轴向上移动对象，如图2-39所示。将光标置于某个轴向上，按住左键并拖曳光标，即可在该轴向上移动图形，如图2-40所示为将光标置于X轴上的图形移动情况。

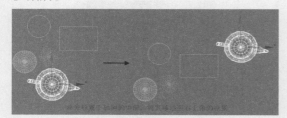

图2-39　将光标置于轴向的中间

图2-40　将光标置于X轴上

在四视图中仅透视图可以完全显示坐标移动控制器的X、Y、Z三个轴向，而顶视图、前视图、左视图仅能显示其中的两个轴向，如图2-41所示。

在"选择并移动"工具按钮 ✛ 上右击，可以弹出如图2-42所示的"移动变换输入"窗口，在其中的"绝对：世界""偏移：世界"选项组下输入移动参数，可以将选中的对象按指定的距离移动。

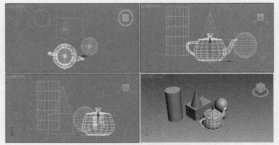

图2-41　各视图显示轴向的情况

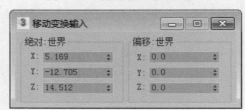

图2-42　"移动变换输入"窗口

2．选择并旋转

单击主工具栏上的"选择并旋转"工具 ↻，或者按快捷键E，都可以激活该工具。

激活该工具时，被选中的物体上会显示坐标旋转控制器，可以在X、Y、Z轴上旋转图形。将光标置于其中的一个轴向上，按住左键不放旋转图形，在图形的旋转方向会出现指示箭头，如图 2-43 所示，表明目前正在往该方向旋转图形。

在"选择并旋转"工具按钮 ↻ 上右击，可以弹出如图 2-44所示的"旋转变换输入"窗口，在其中可以设置各旋转轴向的参数。

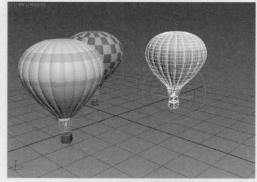

图 2-43　坐标旋转控制器

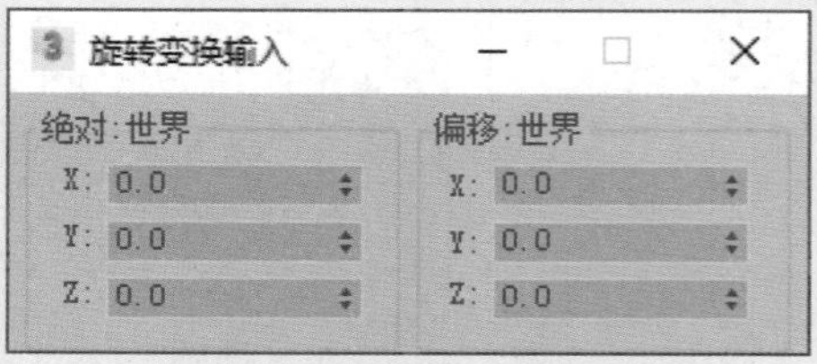

图 2-44　"旋转变换输入"窗口

3ds Max+VRay动画及效果图制作从新手到高手

3．选择并缩放

单击主工具栏上的"选择并缩放"工具，或者按快捷键R，都可以激活该工具。选择"选择并均匀缩放"选项，可以沿着三个轴向以同等比例缩放对象，如图2-45所示。

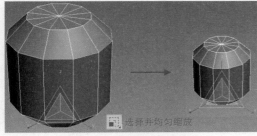

图2-45　选择并均匀缩放

单击工具按钮右下角的实心箭头，在弹出的列表中选择"选择并非均匀缩放"选项，并沿Z轴方向缩放图形对象，如图2-46所示。

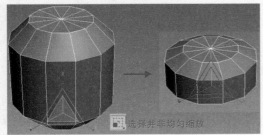

图2-46　选择并非均匀缩放

在方式列表中选择"选择并挤压"选项，任选一个方向可挤压图形对象，如图2-47所示。

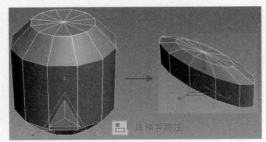

图2-47　选择并挤压

2.3.2　组对象的使用

"组"菜单如图2-48所示，执行相关命令可以将所选中的一个或者多个对象编成一个组，也可将成组的物体拆分为单个物体。"组"菜单中的主要命令介绍如下。

➤ 组：选中待成组的图形对象，执行"组"命令，系统弹出如图2-49所示的"组"对话框，

设置组名并单击"确定"按钮关闭对话框，即可完成编组的操作。

 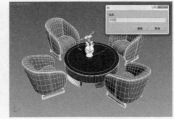

图2-48　"组"菜单　　　图2-49　成组效果

➤ 解组：选中已成组的图形对象，执行该命令，可以将组解散为单个对象，如图2-50所示。

图2-50　解组效果

➤ 打开：执行该命令，可以将选定的组暂时解组，以便对其中的某个对象进行编辑。

➤ 关闭：执行"打开"命令对组内的对象编辑完成后，执行"关闭"命令，可以结束打开状态，使对象恢复成原来的成组状态。

➤ 附加：选中一个待入组的对象，执行该命令，可以将对象加入至指定的组中，如图2-51所示。

图2-51　"附加"效果

➤ 分离：执行"打开"命令暂时解组后选中待分离的对象，执行"分离"命令，可以将该对象从组中分离，如图2-52所示。

➤ 炸开：执行该命令，可以一次性解开所有的组。

图2-52　"分离"效果

2.3.3 对齐工具

选择待对齐的对象，单击主工具栏上的"对齐"工具，系统弹出如图 2-53所示的"对齐当前选择"对话框，在其中可以设置对齐位置、对齐方向、匹配比例的参数值。在"对齐"工具列表中包含6种对齐工具，如图 2-54所示。

图 2-53　"对齐当前选择"
对话框

对齐
快速对齐
法线对齐
放置高光
对齐摄影机
对齐到视图

图2-54　工具列表

6种对齐工具含义如下。

➤ 对齐▣：按快捷键Alt+A，选择该工具，可将已选定的对象与目标对象对齐。

➤ 快速对齐▣：按快捷键Shift+A，选择该工具，可将当前所选对象与目标对象对齐。

➤ 法线对齐▣：按快捷键Alt+N，用该工具先选择待对齐的图形对象，单击对象上的面，然后单击另一对象上的面，可将这两个面对齐。

➤ 放置高光▣：按快捷键Ctrl+H，选择该工具能将灯光或图形对象对齐到另一对象上，使其可以精确地定位其高光或者反射。选择"放置高光"模式，在任一视图中可以单击并拖动光标。

➤ 对齐摄影机▣：选择该工具，可以将摄影机与选定的面法线对齐，该工具的工作原理是在面法线上进行对齐操作，并在释放鼠标时完成。

➤ 对齐到视图▣：该工具可以用于任何可变换的选择对象，能将对象或者子对象的局部轴对齐于当前视图。单击该工具按钮，系统弹出如图2-55所示的"对齐到视图"对话框，在其中可以设置对齐参数。

2.3.4 镜像工具

使用"镜像"工具可以围绕一个轴心镜像出

一个或多个副本对象。选中要镜像的对象后，单击"镜像"工具▣，可以打开"镜像：世界坐标"对话框，在该对话框中可以对"镜像轴""克隆当前选择"和"镜像IK限制"进行设置，如图2-56所示。

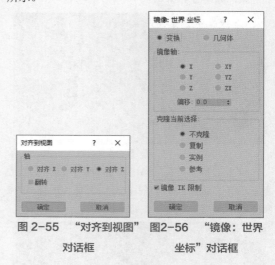

图 2-55　"对齐到视图"　图2-56　"镜像：世界
对话框　　　　　　坐标"对话框

2.3.5 阵列工具

选择对象后，执行"工具"→"阵列"命令可以打开"阵列"对话框，如图2-57所示。在该对话框中可以基于当前选择创建对象阵列。

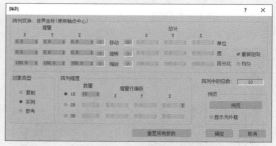

图2-57　"阵列"对话框

2.3.6 间隔工具

执行"工具"→"对齐"→"间隔"命令，可以打开"间隔工具"对话框，如图2-58所示，使用"间隔"工具可以基于当前选择沿样条线或一对点定义的路径分布对象。

分布的对象可以是当前选定对象的副本、实例或参考。通过拾取样条线或两个点并设置参数，可以定义路径，也可以指定对象之间间隔的方式，以及对象的轴点是否与样条线的切线对齐。

图2-58 "间隔工具"对话框

【练习2-7】：创建石桥模型

① 启动3ds Max 2020软件，新建空白文件。

② 在"创建"面板的"标准基本体"下拉列表中选择"楼梯"选项，再单击"直线楼梯"按钮，如图2-59所示。

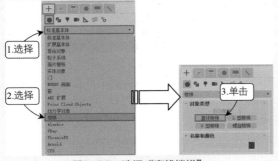

图2-59 选择"直线楼梯"

③ 在视口中拖曳鼠标创建一个直线楼梯，并在"参数"卷展栏中设置类型为"封闭式"，勾选"侧弦"复选框，启用"左""右"扶手路径，设置布局的"长度"和"宽度"为600，楼梯"总高"为580，"竖板高"为48。直线楼梯的创建效果如图2-60所示。

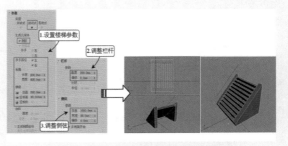

图2-60 "直线楼梯"创建效果

④ 在"文件"菜单中展开"导入"列表，执行列表中的"合并"命令，如图2-61所示。

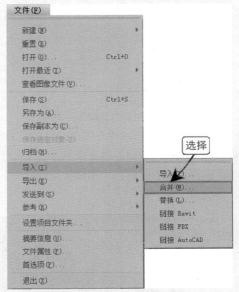

图2-61 执行"合并"命令

⑤ 选择素材文件夹中的"2-7桥墩.max"文件，单击"打开"按钮，在弹出的对话框中选择场景中包含的所有对象，单击"确定"按钮合并选择对象，如图2-62所示。

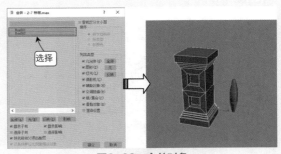

图2-62 合并对象

⑥ 在"工具"菜单中展开"对齐"列表，选择列表中的"间隔工具"命令，如图2-63所示。

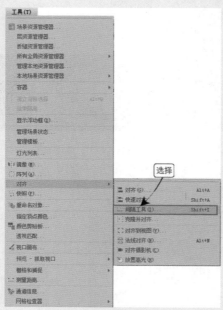

图2-63 执行"间隔工具"命令

07 在"间隔工具"对话框中设置"计数"为2，单击"拾取路径"按钮。然后，单击拾取蓝色楼梯扶手路径，单击"应用"按钮应用到模型，如图2-64所示。

图2-64 设置"间隔工具"参数

08 在主工具栏单击"选择并移动"按钮✛，移动桥墩的位置，使其与楼梯侧弦对齐，效果如图2-65所示。

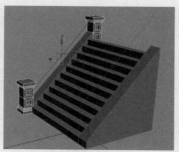

图2-65 移动桥墩

09 选择栅栏对象，设置"计数"为8，拾取蓝色扶手路径，单击"应用"按钮应用到模型，如图

2-66所示。选择两端多余的栅栏，按Delete键将其删除，如图2-67所示。

图2-66 设置"间隔"

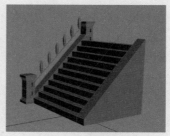

图2-67 删除部分栅栏

10 按住Ctrl键单击选中所有栅栏对象，并使用"选择并移动"工具✛，调整栅栏的位置，如图2-68所示。

图2-68 调整栅栏位置

11 在"选择并缩放"工具▦上长按左键，弹出缩放方式，将光标移动到"使用轴点中心"按钮▦，释放光标完成"缩放"方式的切换，然后，沿Z轴缩放所有栅栏，效果如图2-69所示。

图2-69 "缩放"栅栏

3ds Max+VRay动画及效果图制作从新手到高手

⑫ 使用"选择并移动"工具 ✛ 调整蓝色扶手路
径的位置，如图2-70所示。

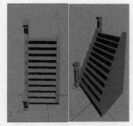

图2-70　移动扶手路径

⑬ 切换到"修改"面板，在"渲染"卷展栏
中，勾选"在渲染中启用"和"在视口中启用"
复选框，选择渲染类型为"矩形"，设置矩形
"长度"为16、"宽度"为80、"角度"为0，
扶手创建效果如图2-71所示。

图2-71　创建扶手

⑭ 选择上层的桥墩对象，在"修改"面板的
"修改器堆栈"栏单击"使唯一"按钮 ⬚，如图
2-72所示，确保编辑桥墩时不影响到其他实例
对象。

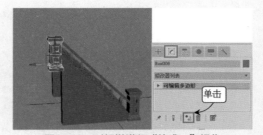

图2-72　对桥墩进行"使唯一"操作

⑮ 在"修改器堆栈"栏，激活"多边形"子对
象模式，快捷键为4，如图2-73所示。

图2-73　"多边形"

⑯ 选择桥墩下方多余的面，按Delete键将其删
除，效果如图2-74所示。

图2-74　删除多边形

⑰ 切换到"创建"面板，选择"长方体"选
项，在视图中拖曳鼠标创建长方体，设置"长
度"为750、"宽度"为800、"高度"为580、
"长/宽/高度分段"都为1，创建的长方体将作为
连接两侧楼梯的桥身部分，如图2-75所示。

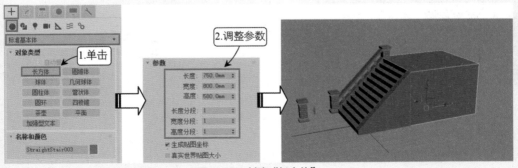

图2-75　创建"长方体"

⑱ 按住Ctrl键并单击，逐个选中桥墩和栅栏对象，如图2-76所示。

⑲ 在"组"菜单下执行"组"命令，设置组名为"扶手"，单击"确定"按钮，如图2-77所示。

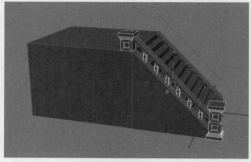

图2-76 选择对象

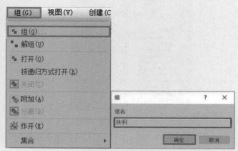

图2-77 创建"组"

⑳ 按住Shift键沿Y轴移动组到楼梯另一侧，在弹出的"克隆选项"对话框中选择"复制"选项，单击"确定"按钮，如图2-78所示。

㉑ 选择绿色的扶手路径，在"修改"面板的"渲染"卷展栏下，勾选"在渲染中启用"和"在视口中启用"复选框，设置矩形"长度"为16、"宽度"为80，扶手效果如图2-79所示。

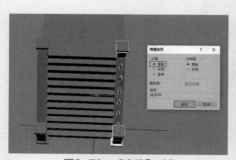

图2-78 "克隆"对象

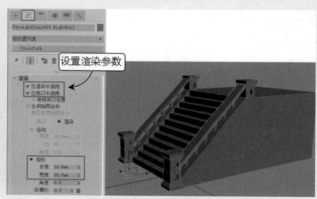

图2-79 创建扶手

㉒ 按住Ctrl键选择所有组成楼梯的组件，在"组"菜单下执行"组"命令，设置组名为"台阶+扶手"，单击"确定"按钮，如图2-80所示。

图2-80 创建"组"

㉓ 在主工具栏中单击"镜像"按钮，设置"镜像轴"为X，选择"复制"按钮，克隆当前选择对象，单击"确定"按钮，如图2-81所示。

㉔ 完成镜像后，使用"选择并移动"工具，将克隆对象移动到桥的另一头，如图2-82所示。

3ds Max+VRay动画及效果图制作从新手到高手

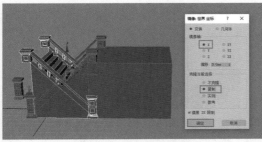

图2-81 "镜像"对象

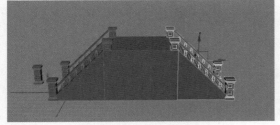

图2-82 移动对象

㉕ 在"创建"面板的"图形"下拉列表中选择"样条线"选项,再单击"线"按钮,参考桥身的长度,在视图中创建合适大小的样条线,如图2-83所示。

图2-83 创建"样条线"

㉖ 在"渲染"卷展栏中,勾选"在渲染中启用"和"在视口中启用"复选框,设置矩形"长度"为16、"宽度"为80、"角度"为0,然后,沿Z轴向上移动样条线,如图2-84所示。

图2-84 设置"样条线"

㉗ 选择栅栏对象,按快捷键Shift+I打开"间隔"工具,设置"计数"为8,拾取前面创建的样条线,单击"确定"按钮,为桥身的一侧添加栅栏,如图2-85所示。

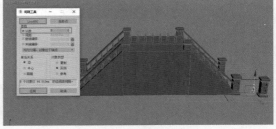

图2-85 添加"栅栏"

㉘ 选择两端与桥墩重叠的栅栏,按Delete键将其删除,再向下移动其余的栅栏,如图2-86所示。按快捷键R切换到"选择并缩放"工具 ▦,沿Z轴缩放栅栏,效果如图2-87所示。

图2-86 移动"栅栏"

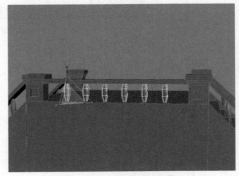

图2-87 缩放"栅栏"

㉙ 选择组成桥身扶手的对象,单击"镜像"按钮 ▦,设置"镜像轴"为X,选择"复制"选项克隆当前选择,单击"确定"按钮,得到桥身另一侧的扶手,如图2-88所示。

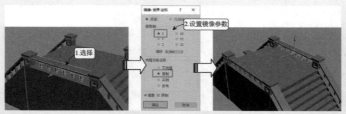

图2-88　"镜像"对象

㉚ 在"创建"面板中，单击"圆柱体"按钮，在"参数"卷展栏设置"半径"为360、"高度"为1200、"高度/端面分段"都为1、"边数"为22，如图2-89所示。

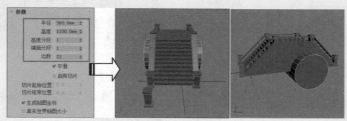

图2-89　创建"圆柱体"

㉛ 在主工具栏单击"对齐"按钮 ，在"对齐当前选择"对话框选择沿X、Z位置对齐，设置当前对象和目标对象沿"轴点"对齐，单击"确定"按钮，如图2-90所示。

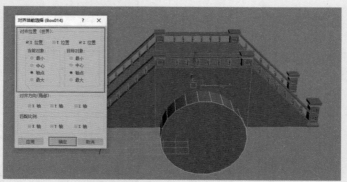

图2-90　"对齐"网格

㉜ 选择长方体对象，如图2-91所示，执行"创建"面板的"复合对象"命令，启动"ProBoolean"工具，如图2-92所示。

图2-91　选择对象

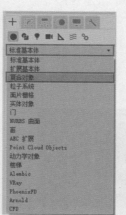

图2-92　启动"ProBoolean"

㉝ 在"拾取布尔对象"卷展栏中选择"移动"选项，单击"开始拾取"按钮，如图2-93所示。

图2-93　选择"开始拾取"

㉞ 在视图中单击"圆柱体"对象，桥洞效果如图2-94所示。

图2-94　桥洞效果

㉟ 石桥模型最终效果如图2-95所示。

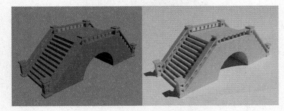

图2-95　石桥模型最终效果

知识拓展

本章主要为3ds Max 2020软件基础知识的延伸讲解，主要包括3ds Max 2020的特点和新功能，以及常规的视图操作等。本章重点内容在于1.2节中的3ds Max 2020界面，在后续章节中会陆续介绍各种建模工具，而熟悉界面布局有助于更快地找到这些工具，从而让学习和工作更有效率。

拓展训练

运用本章所学的知识，合理使用主工具栏中的选择工具，选择场景中的图形对象，最终效果如图 2-96所示。

图 2-96　选择操作练习

第3章
创建几何体模型

几何体在建模的过程中扮演着非常重要的角色，其限制着模型的材质和灯光的范围和区域。本章介绍3ds Max 2020的基础建模技术和参数设置，包括创建标准基本体、扩展基本体、门、窗、ACE扩展对象等。通过本章的学习，可以快速地创建出一些简单的模型。

学 习 重 点

➢ 3ds Max 2020二维图形的
创建

➢ 3ds Max 2020三维模型的
创建

➢ 3ds Max 2020复合对象的
创建

3.1 二维图形

在3ds Max中，二维图形是由一条或多条曲线或直线组成的对象，有着非常广泛的应用。作为建模的基础，二维图形在进行参数设置和添加修改器后能够转化成为三维模型，也可用于复杂模型的创建。

3.1.1 样条线与扩展样条线

1. 样条线

3ds Max具有内置的样条线图形，用户可以直接创建使用。样条线的应用十分广泛，涉及各个领域的建模。内置的样条线有12种，如图3-1所示。下面为大家介绍样条线中最常用的几种图形工具。

图3-1　样条线

■　线

"线"工具是3ds Max中最常用的二维图形创建工具。"线"工具创建的图形是非参数化的，所有用户可以自由地创建所需要的二维图形，如图3-2所示。"线"工具的参数如图3-3所示，主要包括"渲"

染""插值""创建方法""键盘输入"等卷展栏。

单击"渲染"卷展栏前的 ▇ 图标，即可打开卷展栏列表，如图3-4所示。"渲染"卷展栏重要参数介绍如下。

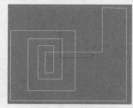

图3-2　创建线

图3-3　"线"工具参数　　图3-4　"渲染"卷展栏

➢　在渲染中启用：勾选该复选框，则可渲染出样条线。

➢　在视口中启用：勾选该复选框，则样条线以网格的形式显示在视图中。

➢　使用视口设置：勾选"在视口中启用"复选框后，

该项才被激活，主要用来设置不同的渲染参数。

- 生成贴图坐标：勾选该复选框，可应用贴图坐标。
- 真实世界贴图大小：用来控制应用于对象的纹理贴图材质所使用的缩放方法。
- 视口/渲染：选择"视口"选项，样条线会显示在视图中。如果同时选择"在视口中启用"和"渲染"选项，则样条线可同时在视图中和渲染中显示出来。
- 厚度：用来设置视图或者渲染样条线网格的直径，默认值为1，值范围为0~100。
- 边：用来在视图或者渲染器中为样条线网格设置边数或者面数，值为4时表示一个方形截面。
- 角度：用来调整视图或者渲染器中横截面的旋转位置。
- 长度：用来设置沿局部Y轴的横截面大小。
- 宽度：用来设置沿局部X轴的横截面大小。
- 角度：用来调整视图或渲染器中横截面的旋转位置。
- 纵横比：用来设置矩形横截面的纵横比。
- 自动平滑：勾选该复选框可激活"阈值"选项，调整阈值可自动平滑样条线。

使用同样的方法打开"插值"卷展栏列表，如图3-5所示。"插值"卷展栏重要参数介绍如下。

- 步数：用来定义每条样条曲线的步数。
- 优化：勾选该复选框，可以从样条线的直线线段中删除多余的步数。
- 自适应：勾选该复选框，系统可自动适应设置每条样条线的步数，从而生成平滑的曲线。

使用同样的方法打开"创建方法"卷展栏列表，如图3-6所示。"创建方法"卷展栏重要参数介绍如下。

- 角点：选择该项，则可通过顶点产生一个没有弧度的尖角。
- 平滑：选择该项，则可通过顶点产生一条平滑的、不可调整的曲线。
- Bezier：选择该项，则可通过顶点产生一条平滑的、可调整的曲线。

使用同样的方法打开"键盘输入"卷展栏列表，如图3-7所示。通过在X、Y、Z三个选项框中设置参数，可以完成样条线的绘制。

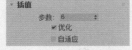

图3-5　"插值"卷展栏

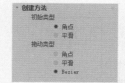

图3-6　"创建方法"
卷展栏

图3-7　"键盘输入"
卷展栏

■　矩形

矩形是常用的二维图形，如图3-8所示。"矩形"工具主要包含"长度"和"宽度"参数，设置相关参数可以调整矩形的大小，"参数"卷展栏如图3-9所示。

图3-8　创建矩形　　图3-9　"参数"卷展栏

"参数"卷展栏各参数介绍如下。

- 长度：用来指定矩形沿着局部Y轴的大小。
- 宽度：用来指定矩形沿着局部X轴的大小。
- 角半径：用来创建圆角。值为0时，矩形四角为90度。如图3-10所示是一个"长度"为125、"宽度"为180、"角半径"为20的矩形效果。

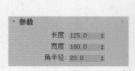

图3-10　创建矩形图形

■　文本

使用"文本"工具可以创建文本图形的样条线，如图3-11所示，其"参数"卷展栏如图3-12所示。

图3-11　创建文本　　图3-12　"参数"卷展栏

2．扩展样条线

二维图形对象除了样条线以外，还包括扩展样条线，主要是一些特殊的二维图形，如图3-13所示。

图3-13　扩展样条线

"扩展样条线"中的图形工具介绍如下。

- 墙矩形：使用"墙矩形"工具可以创建两个封闭的同心矩形的图形，每个矩形都由四个顶点组成，如图3-14所示。
- 通道：使用"通道"工具可以创建一个闭合形状为"C"的样条线，如图3-15所示。
- 角度：使用"角度"工具可以创建一个闭合形状为"L"的样条线，如图3-16所示。
- T形：使用"T形"工具可以创建一个闭合形状为"T"的样条线，如图3-17所示。
- 宽法兰：使用"宽法兰"工具可以创建一个闭合形状为"I"的样条线，如图3-18所示。

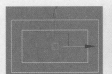　　

图3-14　墙矩形　　图3-15　通道　　图3-16　角度

图3-17　T形　　　图3-18　宽法兰

【练习3-1】：创建楼梯扶手

① 启动3ds Max 2020，在"创建"面板的"几何体"下拉列表中选择"楼梯"选项，单击"L型楼梯"按钮，在透视图中创建一个楼梯，如图3-19所示。

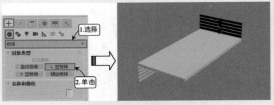

图3-19　创建楼梯

② 在"参数"卷展栏中取消勾选"支撑梁"复选框，勾选扶手路径的"左"和"右"复选框，设置"长度1"和"长度2"为100、"宽度"为50、"角度"为−90、"偏移"为5，"总高"为120、"竖板高"为10，设置台阶的"厚度"为10，栏杆的"高度"和"偏移"为0，如图3-20所示。

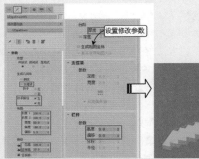

图3-20　设置参数

③ 在"创建"面板的"几何体"下拉列表中选择"AEC扩展"选项，单击"栏杆"按钮，创建一个栏杆，如图3-21所示。

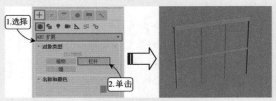

图3-21　创建栏杆

④ 选择栏杆，在"修改"面板中单击"拾取栏杆路径"按钮，然后拾取楼梯的扶手作为路径，并勾选"匹配拐角"复选框。设置上围栏的"剖面"为圆形，"深度"和"宽度"为2、"高度"为30。设置下围栏的"剖面"为圆形，"深

3ds Max+VRay动画及效果图制作从新手到高手

度"和"宽度"为1。单击"下围栏间距"按钮 ·· ，打开"下围栏间距"窗口，设置下围栏的"计数"为2，如图3-22所示。

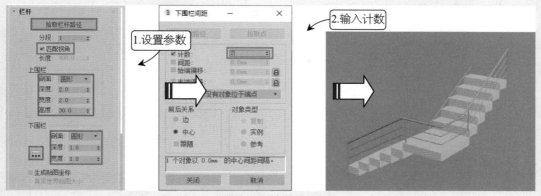

图3-22 创建扶手

⑤ 在"修改"面板中设置立柱的"剖面"为圆形，"深度"和"宽度"为2、"延长"为0。设置栅栏的"类型"为支柱，支柱的"剖面"为方形，"深度"和"宽度"为1、"延长"为0。单击"立柱间距"按钮 ·· ，打开"支柱间距"窗口，设置"计数"为10，然后单击"关闭"按钮，一个单边的楼梯扶手即制作完成，效果如图3-23所示。

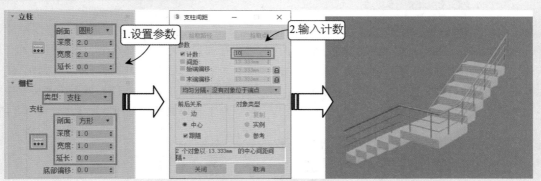

图3-23 查看效果

⑥ 创建对侧的栏杆。此次创建的形状与前面所设置的栏杆参数相近，在"修改"中单击"拾取栏杆路径"按钮，然后拾取楼梯的扶手作为路径，设置"高度"为30，如图3-24所示。

⑦ 对比另一侧的扶手进行调整，楼梯扶手即制作完成，效果如图3-25所示。

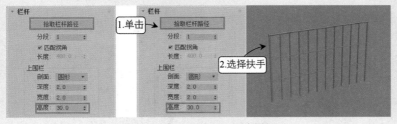

图3-24 创建扶手

图3-25 创建楼梯扶手效果

01
02
03
04
05
06
07
08
09
10
11
12
13

第3章 创建几何体模型

3.1.2 可编辑样条线

可编辑样条线包含5个卷展栏，如图3-26所示。下面通过两个练习来学习可编辑样条线的创建方法。

图3-26　可编辑样条线卷展栏

【练习 3-2】：创建铁艺圆凳

01 启动3ds Max 2020，在"创建"面板的"几何体"下拉列表中选择"扩展基本体"选项，然后单击"切角圆柱体"按钮，在透视图中创建一个切角圆柱体作为凳面，如图3-27所示。

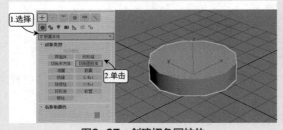

图3-27　创建切角圆柱体

02 在"修改"面板中设置切角圆柱体的"半径"为15、"高度"为2、"圆角"为0.25，"高度分段"和"端面分段"为1、"圆角分段"为3、"边数"为50，如图3-28所示。

03 在主工具栏中单击"选择并移动"工具 ，在绝对模式变换输入中设置X、Y、Z轴都为0，效果如图3-29所示。

04 在"创建"面板的"图形"下拉列表中选择"样条线"选项，单击"圆"按钮，创建一个圆形样条曲线，如图3-30所示。

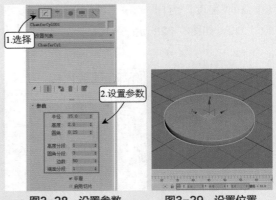

图3-28　设置参数　　　图3-29　设置位置

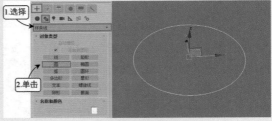

图3-30　创建圆形

05 在"修改"面板里的"渲染"卷展栏中勾选"在视口中启用"复选框，设置径向的"厚度"为1、"边数"为12、"角度"为0，"步数"为25，"半径"为12，此时圆形会变粗，可以用来制作凳面底部的圆形支架，如图3-31所示。

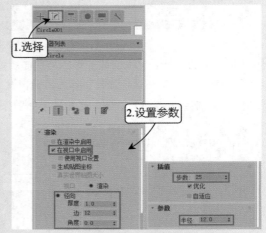

图3-31　设置参数

06 在绝对模式变换输入中设置X、Y、Z轴都为0，支架就会与凳面自动对齐，效果如图3-32所示。

图3-32 设置位置

07 按住Shift键向下拖动圆形进行复制，在弹出的"克隆选项"对话框中选择"复制"选项，设置"副本数"为1，单击"确定"按钮进行复制，如图3-33所示。

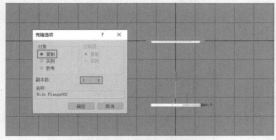

图3-33 复制圆形支架

08 在"修改"面板中更改"半径"为18，作为凳子的底部支架，如图3-34所示。

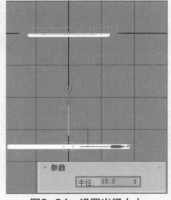

图3-34 设置半径大小

09 在"创建"面板的"图形"下拉列表中选择"样条线"选项，单击"线"按钮，在前视图中沿两个圆形支架绘制一个竖形支架，如图3-35所示。

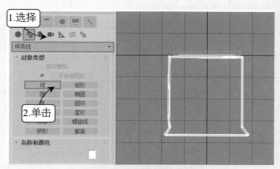

图3-35 创建竖型支架

10 选择支架下方的两个顶点，右击调出"四元菜单"，将顶点设置为"Bezier"，将下方的线条转为曲线模式并进行调整，如图3-36所示。

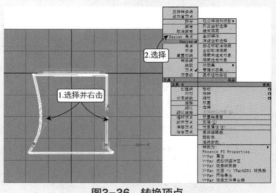

图3-36 转换顶点

11 选择支架上方的两个顶点，右击调出"四元菜单"，将顶点设置为"角点"，将上方的转角变成直角，如图3-37所示。

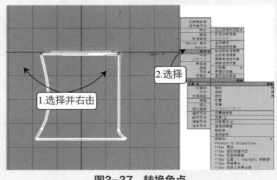

图3-37 转换角点

12 选择上方的两个顶点，在"修改"面板中设置"切角"为2，每个顶点被切成两个，如图3-38所示。

13 选择被切角过的四个顶点，再次设置"切角"为1，两个直角变圆滑，如图3-39所示。

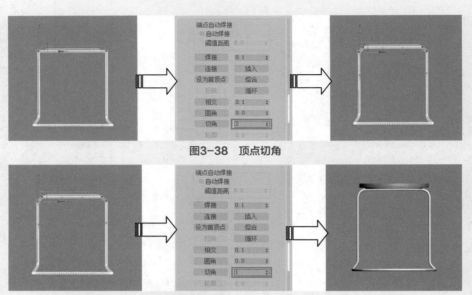

图3-38 顶点切角

图3-39 再次切角

⑭ 在主工具栏中单击"选择并旋转"工具按钮 ↻，按住Shift键将竖型支架旋转90度进行复制，在弹出的"克隆选项"对话框中选择"实例"选项，方便关联修改，设置"副本数"为1，单击"确定"按钮进行复制，如图3-40所示。

⑮ 一个铁艺圆凳即制作完成，效果如图3-41所示。

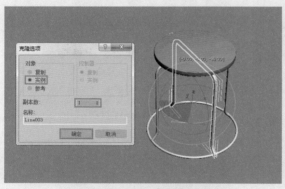

图3-40 复制支架

图3-41 效果展示

【练习3-3】：编辑铁艺图案

① 启动3ds Max 2020，在"创建"面板的"图形"下拉列表中选择"样条线"选项，单击"线"按钮，在前视图中绘制一个章鱼的形状，如图3-42所示。

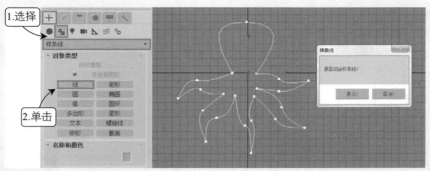

图3-42 创建章鱼大形

⓬ 在"修改"面板中选择"顶点"模式,然后选择章鱼图形的所有转折处的顶点,右击调出"四元菜单",将顶点设置为"角点",如图3-43所示。

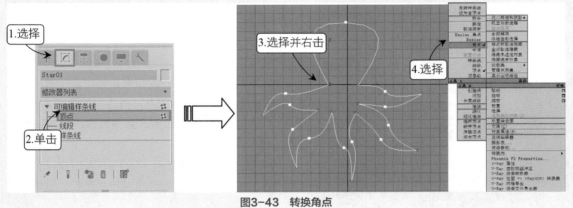

图3-43 转换角点

⓭ 选择章鱼图形中间位置的顶点,右击调出"四元菜单",将顶点设置为"Bezier",让中间的线条都转为曲线模式,如图3-44所示。

⓮ 对各个顶点进行调整,让章鱼的形状更规律,如图3-45所示。

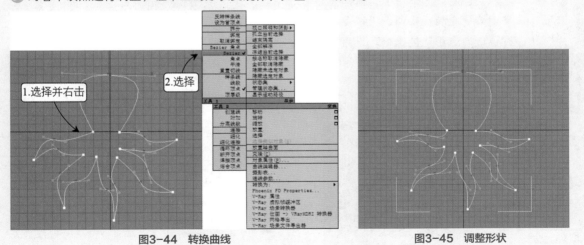

图3-44 转换曲线　　　　　　　　　　　　　　　　图3-45 调整形状

⓯ 在"修改"面板中选择"可编辑样条线"选项,在"渲染"卷展栏中勾选"在渲染中启用"和"在视口中启用"复选框,设置径向的"厚度"为200,如图3-46所示,具体参数按图形的大小设置。

06 设置完成后，章鱼图形便由线条变成了有厚度的立体图形，效果如图3-47所示。

图3-46 设置参数 　图3-47 立体效果

07 下面创建章鱼身上的图案，在"创建"面板的"样条线"中单击"圆环"按钮，然后在前视图中创建一个圆环，如图3-48所示。

图3-48 创建圆环

08 在"修改"面板中选择"可编辑样条线"选项，在"渲染"卷展栏中勾选"在渲染中启用"和"在视口中启用"复选框，设置径向的"厚度"为70，再自行调整"半径1"和"半径2"的参数值，具体按章鱼比例设置，效果如图3-49所示。

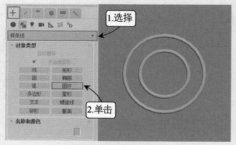

图3-49 设置参数

09 按住Shift键拖动圆环进行复制，在弹出的"克隆选项"对话框中选择"复制"选项，设置"副本数"为13，单击"确定"按钮进行复制，如图3-50所示。

10 复制好后，将圆环排列到章鱼的触角上，效果如图3-51所示。

图3-50 复制图形 　图3-51 调整位置

11 再创建一个圆环，在"修改"面板中选择"可编辑样条线"选项，在"渲染"卷展栏中勾选"在渲染中启用"和"在视口中启用"复选框，设置径向的"厚度"为230，再自行调整"半径1"和"半径2"的参数值，具体按章鱼比例设置，如图3-52所示。

12 在主工具栏中单击"选择并均匀缩放"按钮，将圆环压扁，制作出嘴巴的形状，效果如图3-53所示。

图3-52 设置参数 　图3-53 制作章鱼嘴巴

13 在"创建"面板的"几何体"下拉列表中选择"标准基本体"选项，单击"球体"按钮，在视口中创建两个球体作为眼球，设置眼球的"半径"为250，"瞳孔"的半径为140，然后将眼球和瞳孔排列好位置，如图3-54所示。

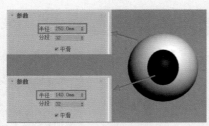

图3-54 设置眼球参数

⑭ 按住Shift键拖动眼球进行复制，在弹出的"克隆选项"对话框中选择"实例"选项，设置"副本数"为1，单击"确定"按钮进行复制。然后将两只眼球放置到对应的位置，完成章鱼图形的创建，如图3-55所示。

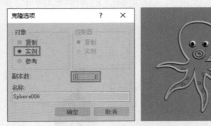

图3-55 复制眼睛

3.1.3 NURBS曲线

NURBS曲线可以通过在"图形"类型列表里选择"NURBS曲线"选项进行创建，如图3-56所示。

图3-56 NURBS曲线

NURBS曲线分为"点曲线"和"CV曲线"两种。

➢ 移动"点曲线"中的点，可以改变曲线的形状，且每个点始终位于曲线上，如图3-57所示。

图3-57 点曲线

➢ 控制顶点（CV）可以调整"CV曲线"的形状，而这些控制点可以不位于曲线上，如图3-58所示。

图3-58 CV曲线

【练习3-4】：创建高脚杯模型

① 启动3ds Max 2020，然后在"创建"面板的"几何体"下拉列表中选择"标准基本体"选项，单击"平面"按钮，然后在前视图中创建一个平面，在"修改"面板中设置"长度"和"宽度"为340、"长度分段"和"宽度分段"为1，如图3-59所示。

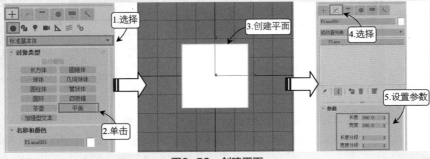

图3-59 创建平面

⓶ 打开放有高脚杯图片的素材文件夹，直接将图片拖动至平面上，作为参考示例图，如图3-60所示。

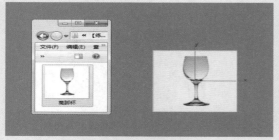

图3-60 打开素材文件夹

⓷ 在"创建"面板的"图形"下拉列表中单击"线"按钮，在前视图中沿杯子的边沿创建一条如图3-61所示的样条线，在封口时弹出的样条线窗口中单击"是"按钮，确定闭合样条线。

图3-61 创建样条线

⓸ 在"修改"面板的"修改器堆栈"栏中选择"顶点"模式，然后在主工具栏中单击"选择并移动"按钮 ✛，对各个顶点进行调整。在"修改"面板中单击"插入"按钮，可以在缺少点的位置添加顶点，对于多余的顶点可以直接按Delete键删除，效果如图3-62所示。

图3-62 调整形状

⓹ 选择转角处的几个顶点，右击调出"四元菜单"，选择"角点"选项，让所选的顶点明显可见，如图3-63所示。

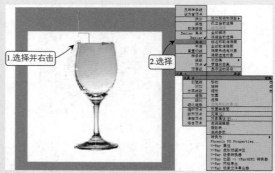

图3-63 调整顶点

⓺ 在菜单栏中选择"修改器"→"面片/样条线编辑"→"车削"选项，添加后的样条线变成一个形状不太标准的实体对象，如图3-64所示。

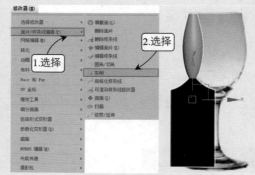

图3-64 添加"车削"修改器

⓻ 在"修改器堆栈"栏中选择添加"车削"修改器，设置参数的方向为Y，对齐方式为"最大"。可见样条线已经变成杯子的形状，如图3-65所示。

图3-65 调整参数

⓼ 在"修改器堆栈"栏中选择"顶点"模式，单击"显示最终结果开/关切换"按钮 ，在编辑模式中显示最终结果，然后对杯内和杯底的顶

点进行调整，如图3-66所示。

图3-66 调整形状

⑨ 此时可见酒杯并不是很圆滑，可以在"修改器列表"中选择添加"涡轮平滑"修改器，如图3-67所示。

⑩ 添加涡轮平滑后的酒杯即可变得光滑圆润，如图3-68所示。

图3-67 添加"涡轮平滑"　　图3-68 平滑效果
修改器

3.2 三维几何体

在搭建场景的过程中，需要综合运用各种模型，例如标注几何体、扩展基本体等。切换至"几何体"面板，可以发现其中包含多种建模命令。用户可以通过执行命令创建相应的模型，再修改属性参数，得到符合使用需求的模型。本节介绍创建各种三维几何体模型的方法。

3.2.1 标准基本体

标准基本体是3ds Max中自带的模型命令，用户可以通过这些命令直接创建出对应的模型。在"创建"面板的"几何体"下拉列表中选择"标准基本体"选项，该选项下提供了10种基本的对象类型，分别是长方体、圆锥体、球体、几何球体、圆柱体、管状体、圆环、四棱锥、茶壶和平面，如图3-69所示。

图3-69 标准基本体

【练习3-5】：创建玻璃茶几

① 启动3ds Max 2020，在"创建"面板的"几何体"下拉列表中选择"标准基本体"选项，然后单击"圆柱体"按钮，在透视图中创建一个圆柱体，如图3-70所示。

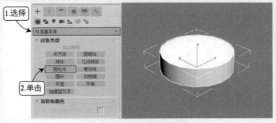

图3-70 创建圆柱体

② 切换至"修改"面板，在"参数"卷展栏中设置"半径"为10、"高度"为0.2、"高度分段"和"端面分段"为1、"边数"为36，然后在主工具栏中单击"选择并移动"按钮✛，在绝对模式变换输入中设置X、Y、Z的坐标都为0，将模型居中，如图3-71所示。

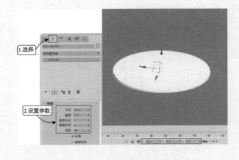

图3-71 设置位置和参数

③ 按住Shift键沿Z轴向下拖动复制圆柱体，在弹出的"克隆选项"对话框中选择"复制"选项，设置"副本数"为1，单击"确定"按钮进行复制。然后在"参数"卷展栏中，将所复制的圆柱体"半径"设置为9.5，作为搁物架，如图3-72所示。

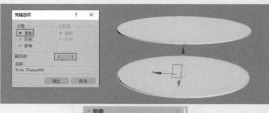

图3-72　复制圆柱体

④ 切换至"创建"面板，在"几何体"下拉列表中选择"标准基本体"选项，然后单击"长方体"按钮，创建一个长方体，如图3-73所示。

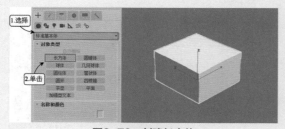

图3-73　创建长方体

⑤ 在"修改"面板中设置长方体的"长度"为0.5、"宽度"为0.5、"高度"为19.5，然后在主工具栏中单击"选择并旋转"按钮 C，再单击"开启角度捕捉切换"按钮 ，将长方体旋转90度，接着单击"选择并移动"按钮 ，将长方体移动到桌面中间位置，设置Y轴参数为0，将长方体移动到桌面中心位置，作为搁板的支架，如图3-74所示。

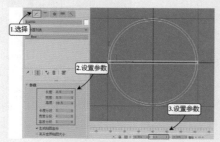

图3-74　创建支架

⑥ 按快捷键E执行"选择并旋转"命令，然后按住Shift键将长方体旋转90度进行复制，在弹出的"克隆选项"对话框中选择"实例"选项，并设置"副本数"为1，单击"确定"按钮进行复制，如图3-75所示。此时在改变其中一个长方体时，另一个也会受关联发生同样变化。

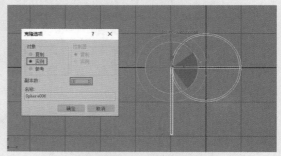

图3-75　复制支架

⑦ 选择其中一个长方体，设置X轴参数为0，如图3-76所示。

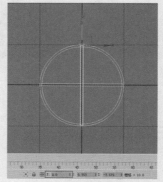

图3-76　调整位置

⑧ 将长方体移动到桌面中间位置，与前一个长方体垂直，在绝对模式变换中设置X轴参数为0。

⑨ 在"创建"面板的"几何体"下拉列表中选择"标准基本体"选项，然后单击"长方体"按钮，创建一个长方体，在"参数"卷展栏中设置"长度"为0.5、"宽度"为0.5、"高度"为11，各分段数都为1，如图3-77所示。

图3-77　创建支架

⑩ 按住Shift键拖动长方体进行复制，在弹出的"克隆选项"对话框中选择"实例"选项，设置"副本数"为3，单击"确定"按钮进行复制。然后将复制好的多边形放置到合适位置，如图3-78所示。

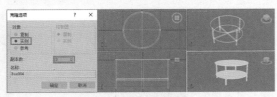

图3-78 复制支架

⑪ 在"创建"面板中单击"圆环"按钮，创建一个圆环，如图3-79所示。

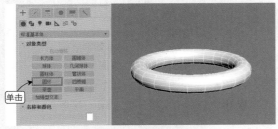

图3-79 创建圆环

⑫ 切换至"修改"面板，设置圆环的"半径1"为10、"半径2"为0.2、"旋转"为45、"分段"为36、"边数"为4，设置平滑方式为"侧面"，并放置到桌面位置作为框架，如图3-80所示，这样一个简单的茶几模型就做好了。

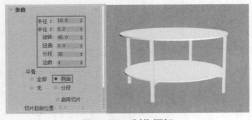

图3-80 制作框架

【练习3-6】：创建电脑桌

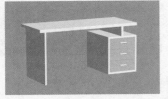

① 启动3ds Max 2020，在"创建"选项卡的"几何体"下拉列表中选择"标准基本体"选项，然后单击"长方体"按钮，创建一个长方体，如图3-81所示。

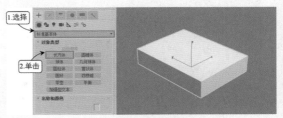

图3-81 创建长方体

② 切换至"修改"面板，在"参数"卷展栏中设置长方体的"长度"为80、"宽度"为180、"高度"为5，各分段数都为1。然后在主工具栏中单击"选择并移动"按钮 ✛，在绝对模式变换输入框中设置X、Y、Z的坐标都为0，将模型居中，如图3-82所示。

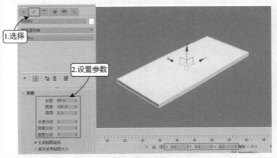

图3-82 设置桌面大小

③ 再次创建一个长方体。设置"长度"为80、"宽度"为3、"高度"为–90，设置X轴的参数为–80，Y轴和Z轴的坐标都为0，如图3-83所示。

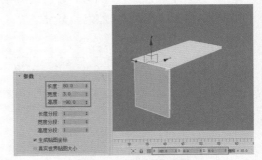

图3-83 创建桌子侧面

④ 按住Shift键沿X轴拖动复制长方体，在弹出的"克隆选项"对话框中选择"实例"，设置"副本数"为1，单击"确定"按钮进行复制，如图3-84所示。

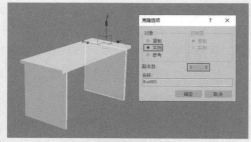

图3-84 复制长方体

⑤ 选择复制出的长方体，修改长方体的"宽度"为4、"高度"为-17，并放置到合适位置，如图3-85所示。

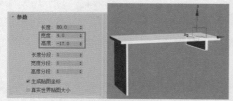

图3-85 设置支架参数

⑥ 复制桌面模型。在"参数"卷展栏中修改"长度"为80、"宽度"为55、"高度"为3，并将长方体放置到合适位置，作为抽屉的顶部，如图3-86所示。

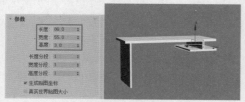

图3-86 创建抽屉顶部

⑦ 复制左边的长方形。修改"高度"参数为-60，并将新建的长方体摆放到合适位置，作为抽屉的左侧，如图3-87所示。

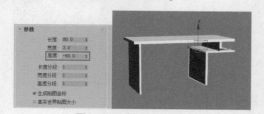

图3-87 创建抽屉左侧

⑧ 按住Shift键沿X轴向右拖动复制长方体作为抽屉右侧，在弹出的"克隆选项"对话框中选择"实例"选项，设置"副本数"为1，单击"确定"按钮进行复制，如图3-88所示。

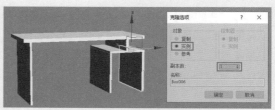

图3-88 复制抽屉右侧

⑨ 选择抽屉顶部的长方体，按住Shift键，沿Z轴向下拖动复制出一块多边形作为抽屉底部，如图3-89所示。

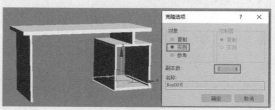

图3-89 复制抽屉底部

⑩ 再创建一个长方体作为抽屉的后盖，在"参数"卷展栏中修改该长方体的"长度"为49、"宽度"为3、"高度"为-60，并将长方体摆放到合适位置，如图3-90所示。

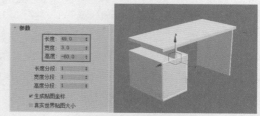

图3-90 创建抽屉后盖

⑪ 使用相同方法创建一个长方体对象作为抽屉面板，在"参数"卷展栏中设置"长度"为49、"宽度"为2、"高度"为19.5，将长方体摆放到合适位置，如图3-91所示。

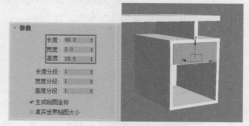

图3-91 创建抽屉面板

⑫ 创建抽屉拉环。分别创建两个长方体和一个圆柱体作为抽屉的拉环，其中长方体的"长度"为3、"宽度"为0.7、"高度"为0.5，圆柱体

的"半径"为1、"高度"为12、"高度分段"和"端面分段"为1、"边数"为18，然后将两个对象组合起来，摆放到合适位置，如图3-92所示。

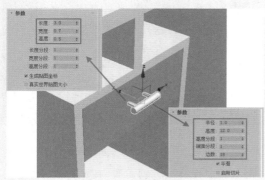

图3-92　创建抽屉拉环

⑬ 选择抽屉的面板和拉环，在菜单栏中选择"组"→"组"选项，如图3-93所示。

⑭ 在弹出的"组"对话框中单击"确定"按钮，将抽屉的面板和拉环创建成组，如图3-94所示。

图3-93　选择组　　　　　图3-94　创建组

⑮ 按住Shift键沿Z轴向下拖动抽屉组，在弹出的"克隆选项"对话框中选择"实例"选项，以便关联修改，设置"副本数"为2，单击"确定"按钮进行复制。如果抽屉过高，可解组后单独进行修改，效果如图3-95所示。

图3-95　复制抽屉

⑯ 这样一个简单的办公桌就制作完成了，位置和比例可单独进行调整，最终效果如图3-96所示。

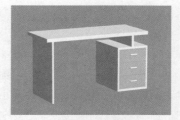

图3-96　查看效果

【练习3-7】：创建吊灯

① 在"创建"选项卡的"几何体"的下拉列表中选择"标准基本体"选项，然后单击"长方体"按钮，在透视图中创建一个长方体，如图3-97所示。

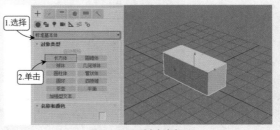

图3-97　创建支架

② 切换至"修改"面板，在"参数"卷展栏中设置长方体"长度"为1、"宽度"为1、"高度"为15，各分段数都为1。然后在主工具栏中单击"选择并移动"按钮 ✛，在绝对模式变换输入中设置X、Y、Z的坐标都为0，将模型居中，如图3-98所示。

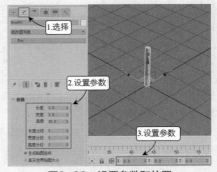

图3-98　设置参数和位置

03 在主工具栏中单击"选择并旋转"按钮 C，再单击"开启角度捕捉切换"按钮，将长方体旋转90度进行复制，在弹出的"克隆选项"对话框中选择"复制"选项，并设置"副本数"为2，单击"确定"按钮进行复制，如图3-99所示。

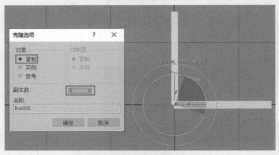

图3-99　旋转复制四角支架

04 在"修改"面板中将复制出来的两个长方体"高度"分别更改为20和5，并调整好位置，如图3-100所示。

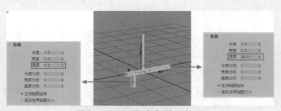

图3-100　更改参数和位置

05 新创建一个圆柱体。在"修改"面板中设置"半径"为0.3、"高度"为75、"高度分段"和"端面分段"为1、"边数"为18，如图3-101所示。

06 接着设置该圆柱体的X和Y轴参数都为0，Z轴为15，如图3-102所示。

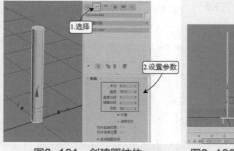

图3-101　创建圆柱体　　　图3-102　设置
参数和位置

07 按住Shift键沿X轴向右拖动圆柱体，在弹出的"克隆选项"对话框中选择"复制"选项，设置

"副本数"为5，单击"确定"按钮，得到5个复制的圆柱体，如图3-103所示。

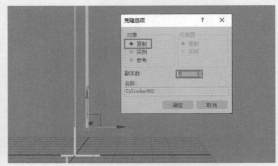

图3-103　复制支架

08 在"修改"面板中将复制出来的圆柱体的其中两个的"高度"分别更改为25和40，并进行旋转，分别放置在两侧，然后设置Z轴参数为0，此时效果如图3-104所示。

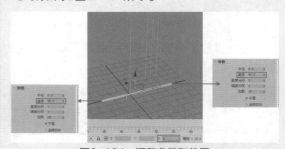

图3-104　调整参数和位置

09 再更改其他3个复制圆柱体的高度，分别为10、15、20，并调整好位置，如图3-105所示。

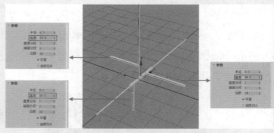

图3-105　调整参数和位置

10 创建吸顶盘。按快捷键L切换至左视图，创建一个圆柱体，设置半径为"4"、高度为"2"、"高度分段"和"端面分段"为"1"、边数为"18"，然后向下复制一个圆柱体，更改半径为"1"，高度为"0.5"，将两个圆柱体调整好位置，如图3-106所示。

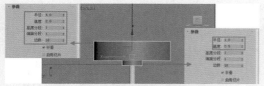

图3-106　创建吸顶盘

⑪ 创建固定架和灯口。选择两个圆柱体，按住Shift键进行复制，更改大圆柱的"半径"为0.7、"高度"为4，小圆柱体的"半径"为0.5、"高度"为0，如图3-107所示。

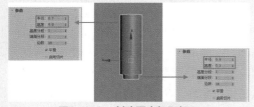

图3-107　创建固定架和灯口

⑫ 创建一个圆锥体。设置"半径1"为0.6、"半径2"为0.4、"高度"为0.3、"高度分段"和"端面分段"为1、"边数"为24，放置在圆柱体的顶部，如图3-108所示。

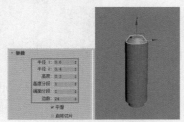

图3-108　创建圆锥

⑬ 创建一个球体。在"修改"面板中设置球体的"半径"为1.2、"分段"为32，放置在圆柱体下方，作为灯泡，如图3-109所示。

图3-109　创建灯泡

⑭ 选择圆柱体、圆锥体和球体，在菜单栏中选择"组"→"组"选项，在弹出的"组"对话框中将组命名为"deng"，单击"确定"按钮创建组，如图3-110所示。

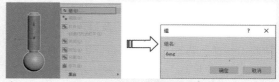

图3-110　创建组

⑮ 按住Shift键拖动创建好的组进行复制，在"克隆选项"对话框中选择"复制"选项，设置"副本数"为4，单击"确定"按钮进行复制，如图3-111所示。

⑯ 移动复制出来的组，放置到各个支架的顶端，可以适当对其中的部分灯头进行缩放，增加层次感，最终效果如图3-112所示。

图3-111　复制灯头　　图3-112　效果展示

【练习3-8】：创建斗柜

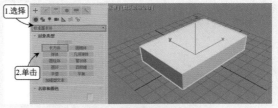

① 启动3ds Max 2020，在"创建"面板的"几何体"的下拉列表中选择"标准基本体"选项，单击"长方体"按钮，在透视图中创建一个长方体，如图3-113所示。

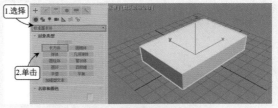

图3-113　创建长方体

◎提示•◦

　　在不同视口中创建出的长方体长宽高的方向不一样，此长方体是在透视图创建，本书参数均默认为透视图下创建的模型参数。

⓶ 创建柜子背板。新建一个长方体，切换至"修改"面板，在"参数"卷展栏中设置长方体的"长度"为2、"宽度"为80、"高度"为90，各分段数都为1。然后在主工具栏中单击"选择并移动"按钮✛，设置X、Y、Z的坐标都为0，将模型居中，如图3-114所示。

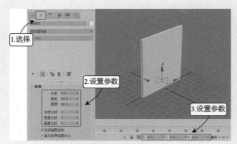

图3-114　创建背板

⓷ 创建柜子侧板。新建一个长方体，在"修改"面板中设置"长度"为90、"宽度"为30、"高度"为2，分段数都为1。然后将该长方体放置在柜子背板左边边缘处，如图3-115所示。

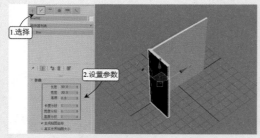

图3-115　创建柜子侧板

⓸ 按住Shift键沿X轴向右拖动，在弹出的"克隆选项"对话框中选择"复制"选项，设置"副本数"为2，单击"确定"按钮得到两个复制的长方体，作为中间隔板和另一侧的侧板，如图3-116所示。

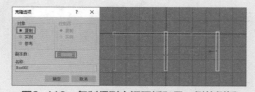

图3-116　复制得到中间隔板和另一侧的侧板

⓹ 创建柜底。新建一个长方体，在"修改"面板中设置"长度"为30、"宽度"为80、"高度"为2，各分段数都为1，输入X轴坐标和Z轴坐标为0，Y轴坐标为-13.5，让长方体作为柜子的柜底，如图3-117所示。

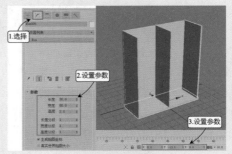

图3-117　创建柜底

⓺ 选择柜底长方体，然后按住Shift键沿Z轴向上拖动，在弹出的"克隆选项"对话框中选择"实例"选项，设置"副本数"为1，单击"确定"按钮进行复制，并将复制出的长方体作为柜顶，如图3-118所示。

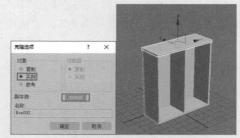

图3-118　创建柜顶

◎提示·⊙

柜子中间会有隔板，但是由于有柜门遮掩，因此可以不用创建。在制作模型时，为了减少内存占用，一般不会对看不到的地方添加细节。

⓻ 创建柜门。创建一个新的长方体，在"修改"面板中设置长方体的"长度"为28、"宽度"为36、"高度"为2，各分段数都为1，如图3-119所示。

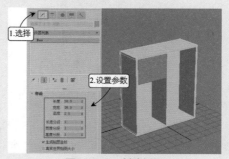

图3-119　创建柜门

08 选择柜门，按住Shift键向下进行拖动，得到两个复制的柜门，并调整好位置，如图3-120所示。

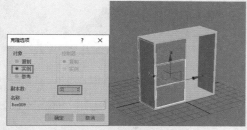

图3-120　向下复制柜门

09 选择左边的三个柜门，按住Shift键向右拖动，复制得到右边的柜门，并调整好位置，柜身就做好了，如图3-121所示。

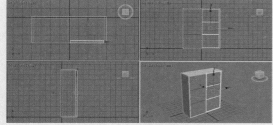

图3-121　向右复制柜门

10 柜子中间的隔板长方体是由两边的侧板复制出来的，但因为要直接固定在背板上，因此中间会略微凸出一点，所以需要选择中间的隔板，在"修改"面板中，修改其"长度"为86、"宽度"为28，如图3-122所示。

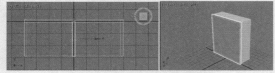

图3-122　更改中间隔板参数

11 创建支架。新建一个长方体，并在"修改"选项卡中设置"长度"和"宽度"为3、"高度"为-10，放在柜子的底部，作为柜子的支架，如图3-123所示。

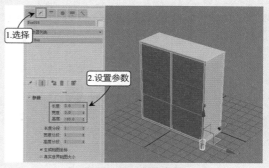

图3-123　创建支架

12 复制得到其余3个支架，并在各个视图中调整好支架的位置，如图3-124所示。

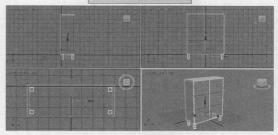

图3-124　复制支架

13 框选所有的多边形，在"修改"面板中单击"色块"按钮调出对象颜色窗口，将柜子设置为接近木质品的棕色，最终效果如图3-125所示。

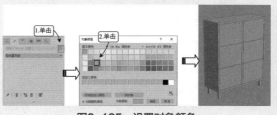

图3-125　设置对象颜色

3.2.2　扩展基本体模型　☆重点☆

扩展基本体是基于标准基本体的一种扩展物

体，共有13种，分别是异面体、环形节、切角长方体、切角圆柱体、油罐、胶囊、纺锤、L-Ext、球棱柱、C-Ext、环形波、软管和棱柱，如图3-126所示。这13种扩展基本体要比标准基本体更加复杂，虽然这些几何体也能通过其他建模工具建成，不过花费的时间要长，有了这几种建模工具，可以加快建模时间，提高效率。

图3-126　扩展基本体

【练习3-9】：创建单人沙发

01 启动3ds Max 2020，在"创建"选项卡的"几何体"下拉列表中选择"扩展基本体"选项，接着单击"切角长方体"按钮，在透视图中创建一个切角长方体作为沙发底座，如图3-127所示。

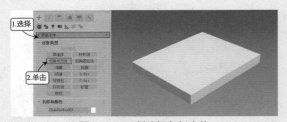

图3-127　创建切角长方体

02 切换至"修改"面板，在"参数"面板中设置"长度"为6、"宽度"为6、"高度"为1、"圆角"为0.1，长宽高的分段数都为1、"圆角分段"为3，效果如图3-128所示。

03 再次创建一个切角长方体，放置在沙发底座侧面作为扶手，尺寸与位置效果如图3-129所示。

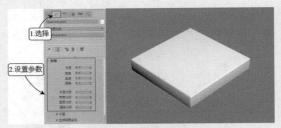

图3-128　设置参数

图3-129　制作沙发扶手

04 按住Shift键沿X轴拖动切角长方体，在弹出的"克隆选项"对话框中选择"实例"选项，便于关联修改，设置"副本数"为1，单击"确定"按钮进行复制，作为另一侧扶手，如图3-130所示。

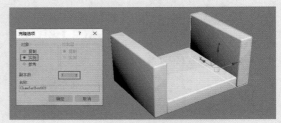

图3-130　复制沙发扶手

05 在主工具栏中单击"选择并旋转"按钮 C，选择左侧的沙发扶手，按住Shift键旋转90度，在弹出的"克隆选项"对话框中选择"复制"选项，设置"副本数"为1，单击"确定"按钮复制出一个新的切角长方体，如图3-131所示。

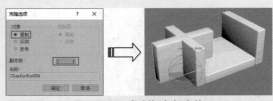

图3-131　复制切角长方体

06 在"修改"面板中修改所复制的切角长方体的"长度"为6、"高度"为3，然后从各个视图中进行调整，作为沙发的靠背，如图3-132所示。

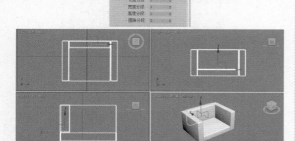

图3-132 制作靠背

07 选择沙发底部的切角长方体，按住Shift键，向上进行拖动，在弹出的"克隆对象"对话框中选择"复制"选项，设置"副本数"为1，单击"确定"按钮进行复制。然后在"修改"选项卡中修改其"长度"为4、"宽度"为6、"高度"为1.3、"圆角"为0.4，如图3-133所示。

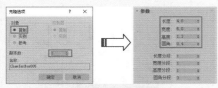

图3-133 制作沙发坐垫

08 选择沙发背部的切角长方体，按上述同样的方法复制出一个新的切角长方体，如图3-134所示。

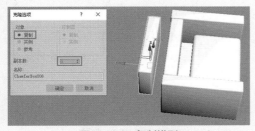

图3-134 复制模型

09 在"修改"面板中修改该切角长方体的"长度"为6、"宽度"为1、"高度"为4、"圆角"为0.4，作为沙发的靠垫，如图3-135所示。

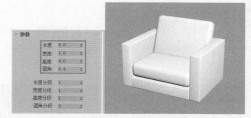

图3-135 制作沙发靠垫

10 创建沙发腿，新建一个标准的长方体，在"参数"卷展栏中设置"长度"为0.5、"宽度"为0.5、"高度"为1.5，各分段数都为1，作为沙发腿放置在沙发的底部，如图3-136所示。

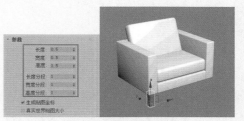

图3-136 制作沙发腿

11 复制得到另外3个沙发腿，分别放置到沙发的角落处，如图3-137所示，一个简单的单人沙发就制作完成了。

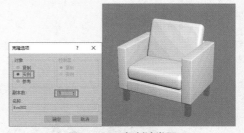

图3-137 复制沙发腿

【练习3-10】：创建实木餐桌

01 启动3ds Max 2020，在"创建"面板的"几何体"下拉列表中选择"扩展基本体"选项，接着单击"切角长方体"按钮，在透视图中创建一个切角长方体作为桌面，接着切换到"修改"

面板中设置其"长度"为100、"宽度"为50、"高度"为4、"圆角"为1，设置长宽高的分段数都为1、"圆角分段"为3，如图3-138所示。

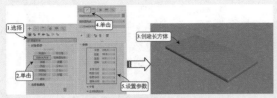

图3-138 创建桌面

02 创建一个切角长方体作为垛边，在"修改"面板中设置其"长度"为88、"宽度"为3、"高度"为3、"圆角"为0.5，设置长宽高的分段数都为1、"圆角分段"为3，如图3-139所示。

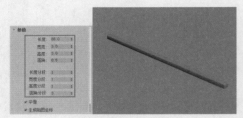

图3-139 创建垛边

03 选择创建好的垛边，然后按住Shift键进行拖动，在弹出的"克隆对象"对话框中选择"实例"选项，设置副本数为"1"，单击"确定"按钮进行复制，然后将垛边放置到另一边，如图3-140所示。

图3-140 复制剁边

04 在主工具栏中单击"选择并旋转"按钮 C，按住Shift键进行拖动，在弹出的"克隆选项"对话框中选择"复制"选项，设置"副本数"

为1，单击"确定"按钮进行复制，如图3-141所示。

图3-141 复制剁边

05 选择复制对象，修改其"长度"为38，以实例方式再复制出一个模型，并将垛边摆放在桌底的两边，如图3-142所示。

图3-142 调整剁边

06 在"创建"面板的"几何体"下拉列表中选择"扩展基本体"选项，然后单击"软管"按钮，创建一个软管，如图3-143所示。

图3-143 创建软管

07 设置软管的"高度"为6，"分段"为1，设置"起始位置"为6、"结束位置"为50、"周期数"为2、"直径"为−20，设置平滑为"无"。选择软管形状为"长方形软管"，设置"宽度"和"深度"都为5，然后放在桌底的角落，作为固定架，如图3-144所示。

08 创建一个圆锥体，并取消"平滑"选项的勾选，让模型显示出棱边，尺寸和位置效果如图3-145所示。

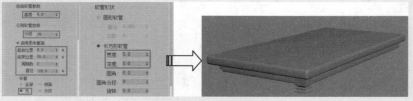

图3-144 设置参数

3ds Max+VRay动画及效果图制作从新手到高手

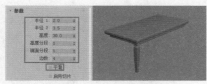

图3-145 创建桌脚

⑨ 复制得到其他3个桌脚，并放置在桌子的角落，最终效果如图3-146所示。

图3-146 复制桌脚

3.2.3 楼梯、门窗及AEC扩展对象

下面介绍楼梯、门窗及AEC扩展对象模型。

1．楼梯

3ds Max 2020提供了4种内置的参数化楼梯模型，分别是直线楼梯、L型楼梯、U型楼梯和旋转楼梯，每种楼梯均包括有开放式、封闭式、落地式3种类型，能够满足室内外建模的需要，如图3-147所示。

直线楼梯　　　　　L型楼梯

U型楼梯　　　　　螺旋楼梯

图3-147 4种楼梯

下面通过练习来学习楼梯模型的创建方法。

【练习3-11】：创建旋转楼梯

① 启动3ds Max 2020，在"创建"选项卡的"几何体"下拉列表中选择"楼梯"选项，然后单击"螺旋楼梯"按钮，在透视图中创建一个楼梯，如图3-148所示。

图3-148 创建楼梯

② 切换至"修改"面板，设置楼梯的参数值，如图3-149所示。

图3-149 设置布局

③ 在"参数"卷展栏中勾选"侧弦""中柱""内表面"和"外表面"复选框，得到的楼梯效果如图3-150所示。

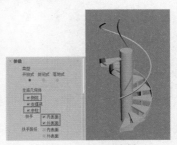

图3-150 设置参数

④ 接着设置栏杆的"高度"为5，侧弦的"深度"为20，中柱"半径"为8，效果如图3-151所示，一个旋转楼梯就制作完成了。

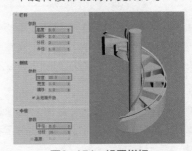

图3-151 设置栏杆

2. 门窗

3ds Max 2020提供了3种内置的门模型，分别为"枢轴门""推拉门"和"折叠门"，如图3-152所示。

"枢轴门"是侧端带有铰链的门；"推拉门"的两扇门可以进行推拉，底部或顶部带有轨道；"折叠门"的铰链装在中间和侧端，可以进行折叠，如图3-153所示。

图3-152　门模型

图3-153　枢轴门、推拉门、折叠门

3ds Max 2020中提供了6种内置的窗户模型，这些内置的窗户模型可以快速地创建出用户需要的窗户，如图3-154所示。

图3-154　窗户模型

下面通过练习来学习创建双开窗模型的方法。

【练习3-12】：创建双开窗

① 启动3ds Max 2020，在"创建"面板的"几何体"下拉列表中选择"窗"选项，再单击"平开窗"按钮，随意创建出一个模型，如图3-155所示。

② 切换至"修改"面板，设置窗户的"高度"为80、"宽度"为100、"深度"为5，模型便有了基本的窗户外形，如图3-156所示。

图3-155　创建平开窗

图3-156　设置参数

③ 在窗扉中设置"隔板宽度"为1，"窗扉数量"为"二"，可以创建出拥有两个对称窗框的窗户，如图3-157所示。

图3-157　设置窗扉

④ 在打开窗中设置"打开"的百分比为50%，窗户即为半打开状态，如图3-158所示，一个双开窗就制作完成了。如果勾选"翻转转动方向"复选框，可使窗户朝相反的方向打开。

图3-158　打开窗

58

3．AEC扩展

AEC扩展对象（见图3-159）专为在建筑、工程和构造领域中使用而设计。AEC扩展对象包括"植物""栏杆"和"墙"3种类型，使用"植物"来创建树木，使用"栏杆"来创建栏杆和栅栏，使用"墙"来创建墙，如图3-160所示。

图3-159　AEC扩展对象

图3-160　植物、栏杆、墙

3.3　复合对象

复合对象建模工具有12种，分别是"变形""散布""一致""连接""水滴网络""布尔""图形合并""地形""放样""网络化""ProBoolean"和"ProCutter"，如图3-161所示。下面主要介绍"布尔""放样""散布"和"图形合并"这几种应用较多的复合对象。

3.3.1　布尔　☆重点☆

执行"布尔"命令，可对选中的两个或两个以上的对象执行布尔运算并得到新的物体形态，如图3-162所示为参数设置面板。

图3-161　复合对象　图3-162　"布尔运算"参数设置面板

"布尔"命令的参数设置面板中各选项含义如下。

➤ 并集：选择该项，可将两个对象合并，相交的部分删除，运算完成后两个物体将合并为一个物体。

➤ 合并：选择该项，可将其他的.max文件添加进场景中。其与"导入"功能的区别在于"导入"功能针对的是非.max的文件。

➤ 交集：选择该项，可将两个对象相交的部分保留，删除不相交的部分。

➤ 附加：选择该项，可将选择的对象进行组合。其与"组"命令的区别在于"组"命令中的每一个对象之间是相互独立的，而附加操作后则被视作为一个单独的整体，但并不会像"并集"那样成为一个物体。

➤ 差集：选择该项，可在A物体中减去与B物体重合的部分。

➤ 插入：选择该项，可在B物体切割A物体部分的边缘增加一排顶点，使用该方法可根据其他物体的外形将一个物体分为两部分。

➤ 盖印：勾选该复选框，可使用B物体切除A物体，但不在A物体上添加B物体的任何部分。

➤ 切面：勾选该复选框，可在A物体上沿着B物体与A物体相交的面来增加顶点和边数，以细化A物体的表面。

3.3.2　放样　☆难点☆

放样可以通过一条路径和多个截面来创建三维形体。在3ds Max中创建放样至少需要两个二维对象，一个用来作为放样的"路径"，主要用来定义放样的"中心"和"高度"，路径本身可以是开放的样条曲线，也可以是封闭的样条曲线，但必须是唯一的一条曲线，且不能有交点。另一个用作放样的截面，又称为"型"或"交叉断面"，在路径上可放置多个不同形态的截面，以创建更为复杂的三维形体，如图3-163所示。

图3-163　放样面板

其各参数含义介绍如下。

1．"创建方法"卷展栏

➤ 获取路径：将路径指定给选定图形或更改当前

指定的路径。

➢ 获取图形：将图形指定给选定路径或更改当前指定的图形。获取图形时按下Ctrl键可反转图形Z轴的方向。

➢ 移动/复制/实例：用于指定路径或图形转换为放样对象的方式。可以移动，但这种情况下不保留副本。如果创建放样后要编辑或修改路径，请使用"实例"选项。

2. "曲面参数"卷展栏

➢ 平滑长度：沿着路径的长度提供平滑曲面。当更改路径曲线或路径上的图形大小时，这类平滑非常有用，默认设置为启用。

➢ 平滑宽度：围绕横截面图形的周界提供平滑曲面。当更改图形顶点数或外形时，这类平滑非常有用，默认设置为启用。

➢ 应用贴图：启用和禁用放样贴图坐标。必须启用"应用贴图"才能访问其余的项目。

➢ 长度重复：设置沿着路径的"长度"重复贴图的次数。贴图的底部放置在路径的第一个顶点处。

➢ 宽度重复：设置围绕横截面图形的周界重复贴图次数。贴图的左边缘将与每个图形的第一个顶点对齐。

➢ 规格化：决定沿着路径"长度"和图形"宽度"路径顶点间距如何影响贴图。勾选该复选框后，会忽略顶点，沿着路径"长度"并围绕图形平均应用贴图坐标和重复值。如果禁用，主要路径划分和图形顶点间距将影响贴图坐标间距，将按照路径划分间距或图形顶点间距成比例应用贴图坐标和重复值。

➢ 生成材质ID：在放样期间生成材质ID。

➢ 使用图形ID：提供使用样条线材质ID来定义材质ID的选择。

➢ 面片：放样过程可生成面片对象。

➢ 网格：放样过程可生成网格对象。

3. "蒙皮参数"卷展栏

➢ 封口始端：如果勾选，则路径第一个顶点处的放样端被封口。如果禁用，则放样端为打开或不封口状态，默认设置为启用。

➢ 封口末端：如果勾选，则路径最后一个顶点处的放样端被封口。如果禁用，则放样端为打开或不封口状态，默认设置为启用。

➢ 变形：按照创建变形目标所需的可预见且可重复的方案排列封口面。变形封口能产生细长的面，与那些采用栅格封口创建的面一样，这些

面也不进行渲染或变形。

➢ 栅格：在图形边界上的矩形修剪栅格中排列封口面。此方法将产生一个由大小均等的面构成的表面，这些面可以被其他修改器很容易地变形。

➢ 图形步数：设置横截面图形的每个顶点之间的步数。该值会影响围绕放样周界的边的数目。

➢ 路径步数：设置路径的每个主分段之间的步数。该值会影响沿放样长度方向的分段的数目。

➢ 优化图形：如果启用，则对于横截面图形的直分段，忽略"图形步数"。

➢ 优化路径：如果启用，则对于路径的直分段，忽略"路径步数"。"路径步数"设置仅适用于弯曲截面。

➢ 自适应路径步数：如果启用，则分析放样，并调整路径分段的数目，以生成最佳蒙皮。主分段将沿路径出现在路径顶点、图形位置和变形曲线顶点处。如果禁用，则主分段将沿路径只出现在路径顶点处。

➢ 轮廓：如果启用，则每个图形都将遵循路径的曲率。每个图形的正Z轴与形状层级中路径的切线对齐。如果禁用，则图形保持平行，且其方向与放置在层级0中的图形相同。

➢ 倾斜：如果启用，则只要路径弯曲并改变其局部Z轴的高度，图形便围绕路径旋转。

➢ 恒定横截面：如果启用，则在路径中的角处缩放横截面，以保持路径宽度一致。如果禁用，则横截面保持其原来的局部尺寸，从而在路径角处产生收缩。

➢ 线性插值：如果启用，则使用每个图形之间的直边生成放样蒙皮。如果禁用，则使用每个图形之间的平滑曲线生成放样蒙皮，默认设置为禁用状态。

➢ 翻转法线：如果启用，则将法线翻转180度，可使用此选项来修正内部外翻的对象。

➢ 四边形的边：如果启用，且放样对象的两部分具有相同数目的边，则将两部分缝合到一起的面将显示为四方形。具有不同边数的两部分之间的边将不受影响，仍与三角形连接。

➢ 变换降级：使放样蒙皮在子对象图形/路径变换过程中消失。例如移动路径上的顶点使放样消失。如果禁用，则在子对象变换过程中可以看到蒙皮。

➢ 蒙皮：如果启用，则使用任意着色层在所有视

3ds Max+VRay动画及效果图制作从新手到高手

图中显示放样的蒙皮，并忽略"着色视图中的蒙皮"设置。如果禁用，则只显示放样子对象。

➢ 着色视图中的蒙皮：如果启用，则忽略"蒙皮"设置，在着色视图中显示放样的蒙皮。如果禁用，则根据"蒙皮"设置来控制蒙皮的显示，默认设置为启用。

4．"路径参数"卷展栏

➢ 路径：通过输入值或拖动微调器来设置路径的级别。如果"捕捉"处于启用状态，该值将变为上一个捕捉的增量。该路径值依赖于所选择的测量方法，更改测量方法将导致路径值的改变。

➢ 捕捉：用于设置沿着路径图形之间的恒定距离。该捕捉值依赖于所选择的测量方法，更改测量方法也会更改捕捉值以保持捕捉间距不变。

➢ 启用：如果启用，"捕捉"处于活动状态。

➢ 百分比：将路径级别表示为路径总长度的百分比。

➢ 距离：将路径级别表示为路径第一个顶点的绝对距离。

➢ 路径步数：将图形置于路径步数和顶点上，而不是作为沿着路径的一个百分比或距离。

➢ 拾取图形：将路径上的所有图形设置为当前级别。

➢ 上一个图形：从路径级别的当前位置上沿路径跳至上一个图形上。

➢ 下一个图形：从路径层级的当前位置上沿路径跳至下一个图形上。

【练习3-13】：创建酒瓶模型

① 启动3ds Max 2020，在"创建"面板的"图形"下拉列表中选择"样条线"选项，然后单击"矩形"按钮，在前视图中创建一个矩形，设置"长度"为850、"宽度"为500，如图3-164所示。

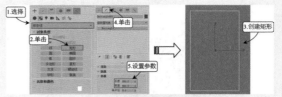

图3-164　创建矩形

② 选择矩形，右击调出"四元菜单"，将矩形转换为可编辑样条线，如图3-165所示。

图3-165　转换为可编辑多边形

③ 切换至"修改"面板，在"修改器堆栈"栏中选择"线段"模式，框选矩形的三条线段进行删除，得到一条笔直的竖线，如图3-166所示，该直线便是放样的路径。

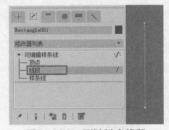

图3-166　删除其余线段

④ 在"创建"面板的"图形"下拉列表中选择"样条线"选项，然后单击"圆"按钮，创建圆圈Circle001，并在"修改"选项卡中设置其"半径"为90，如图3-167所示。

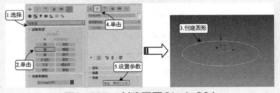

图3-167　创建圆圈Circle001

⑤ 创建瓶身图形。按住Shift键沿Y轴向上拖动，在弹出的"克隆选项"对话框中选择"实例"选项，便于关联修改，设置"副本数"为1，单击"确定"按钮进行复制得到圆圈Circle002，作为

瓶身转折的位置，如图3-168所示。

图3-168　创建圆圈Circle002

⑥ 创建瓶颈图形。再次按住Shift键沿Y轴向上拖动，在弹出的"克隆选项"对话框中选择"复制"选项，设置"副本数"为2，单击"确定"按钮进行复制得到圆圈Circle003和Circle004，并更改其半径为35，如图3-169所示。

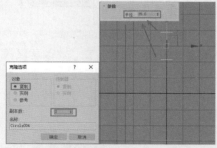

图3-169　创建圆圈Circle003和Circle004

⑦ 创建瓶口图形。按照上述方法执行克隆操作，新复制得到圆圈Circle005和Circle006，更改其半径为40，如图3-170所示。

图3-170　创建圆圈Circle005和Circle006

⑧ 创建瓶盖图形。再次复制得到圆圈Circle007和Circle008，并更改其半径为35，如图3-171所示。

⑨ 创建瓶顶和瓶底图形。沿Y轴按上述方法复制得到两个圆形，更改上方的圆圈Circle009的半径为30，下方的圆圈Circle010半径为87，如图3-172所示。

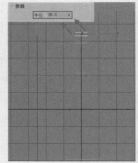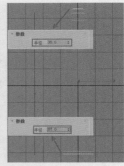

图3-171　创建圆圈Circle007　图3-172　创建圆圈
　　　　和Circle008　　　　Circle009和Circle010

⑩ 在"创建"选项卡的"几何体"下拉列表中选择"复合对象"，单击"放样"按钮，在创建方法下单击"获取路径"按钮，选择最开始创建的直线作为路径，然后单击"获取图形"按钮，选择最上方的圆圈Circle009作为第1个截面，此时放样效果如图3-173所示。

图3-173　选择路径和截面

⑪ 在路径参数中设置"路径"为0.5，即影响0.5%长度的路径段，然后再次单击"获取图形"按钮，选择圆圈Circle008作为第2个截面，如图3-174所示。

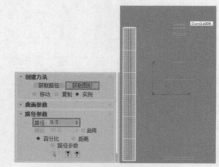

图3-174　选择第2个截面

⑫ 在路径参数中设置"路径"为2，单击"获取图形"按钮，然后选择圆圈Circle007，作为瓶盖，如图3-175所示。

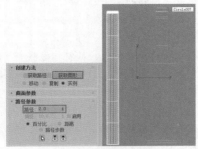

图3-175　选择第3个截面

⑬ 在路径参数中设置"路径"为2.5，单击"获取图形"按钮，然后选择圆圈Circle006，制作出瓶口的形状，如图3-176所示。

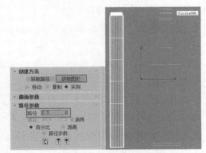

图3-176　选择第4个截面

⑭ 在路径参数中设置"路径"为6，单击"获取图形"按钮，然后选择圆圈Circle005，用来固定瓶口的形状，如图3-177所示。

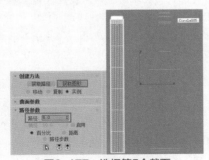

图3-177　选择第5个截面

⑮ 在路径参数中设置"路径"为6.5，单击"获取图形"按钮，然后选择圆圈Circle004，用来制作瓶颈，如图3-178所示。

⑯ 在路径参数中设置"路径"为25，单击"获取图形"按钮，然后选择圆圈Circle003，用来固定瓶颈的形状，如图3-179所示。

图3-178　选择第6个截面

图3-179　选择第7个截面

⑰ 在路径参数中设置"路径"为40，单击"获取图形"按钮，然后选择圆圈Circle002，制作出瓶身的形状，如图3-180所示。

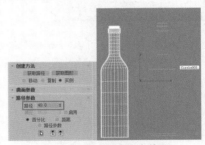

图3-180　选择第8个截面

⑱ 在路径参数中设置"路径"为99.5，单击"获取图形"按钮，然后选择圆圈Circle001，用来固定瓶身的形状，如图3-181所示。

图3-181　选择第9个截面

⑲ 在路径参数中设置"路径"为100，单击"获取图形"按钮，然后选择圆圈Circle010，制作出瓶底的形状，如图3-182所示。

图3-182 选择第10个截面

⑳ 按快捷F3显示模型，查看最终效果，如图3-183所示。如果想要更改瓶子的形状可以调整圆圈的大小。

图3-183 最终效果

3.3.3 散布对象 ☆难点☆

使用"散布"工具，可以将所选的源对象散布到分布对象的表面，其参数设置面板如图3-184所示。

图3-184 "散布参数"设置面板

"散布"工具的各参数含义介绍如下。

1. "拾取分布对象"卷展栏

➢ 对象：显示所选择的分布对象的名称。

➢ 拾取分布对象：单击此按钮，然后在场景中单击一个对象，可将其指定为分布对象。

➢ 参考/复制/移动/实例：用于指定将分布对象转换为散布对象的方式，可以作为参考、副本、实例或移动的对象（如果不保留原始图形）进行转换。

2. "散布对象"卷展栏

➢ 使用分布对象：根据分布对象的几何体来散布源对象。

➢ 仅使用变换：此选项无须分布对象。

➢ 列表窗口：在窗中单击已选择对象，以便能在堆栈中访问对象。

➢ 源名：用于重命名散布复合对象中的源对象。

➢ 分布名：用于重命名分布对象。

➢ 提取操作对象：提取所选操作对象的副本或实例。

➢ 实例/复制：用于指定提取操作对象的方式，用作实例或副本。

➢ 重复数：指定散布的源对象的重复项数目。

➢ 基础比例：改变源对象的比例，同样也影响到每个重复项，该比例作用于其他任何变换之前。

➢ 顶点混乱度：对源对象的顶点应用随机扰动。

➢ 动画偏移：用于指定每个源对象重复项的动画随机偏移原点的帧数。

➢ 垂直：如果启用，则每个重复对象将垂直于分布对象中的关联面、顶点或边，如果禁用，则重复项与源对象保持相同的方向。

➢ 仅使用选定面：如果启用，则将分布限制在所选的面内，最简单的方式是在拾取分布对象时使用"实例化"选项。然后，对原始对象应用"网格选择"修改器，并只选择要用于分布重复项的那些面。

➢ 分布方式：这些选项用于指定分布对象几何体确定源对象分布的方式。

◆ 区域：在分布对象的整个表面区域上均匀地分布重复对象。

◆ 均匀：用分布对象中的面数除以重复项数目，并在放置重复项时跳过分布对象中相邻的面数。

◆ 跳过：在放置重复项时跳过N个面。

◆ 随机：面在分布对象的表面随机地应用重复项。

◆ 沿边：沿着分布对象的边随机地分配重复项。

- 所有顶点：在分布对象的每个顶点放置一个重复对象。
- 所有边的中点：在每个分段边的中点放置一个重复项。
- 所有面的中心：在分布对象上每个三角形面的中心放置一个重复对象。
- 体积：遍及分布对象的体积散布对象。
- 结果/操作对象：选择是否显示散布操作的结果或散布之前的操作对象。

3. "变换"卷展栏

- "旋转"组：指定随机旋转偏移。
- "局部平移"组：指定重复项沿其局部轴的平移。
- "在面上平移"组：用于指定重复项沿分布对象中关联面的重心面坐标的平移。如果不使用分布对象，则这些设置不起作用。
- "缩放"组：用于指定重复项沿其局部轴的缩放。

4. "显示"卷展栏

- 代理：将源重复项显示为简单的楔子，在处理复杂的散布对象时可加速视口的重画。该选项对于始终显示网格重复项的渲染图像没有影响。
- 网格：显示重复项的完整几何体。
- 显示：指定视口中所显示的所有重复对象的百分比，该选项不会影响渲染场景。
- 隐藏分布对象：隐藏对象不会显示在视口或渲染场景中。
- 新增特性：生成新的随机种子数目。
- 种子：可使用微调器设置种子数目。

5. "加载/保存预设"卷展栏

- 预设名：用于定义设置的名称。单击"保存"按钮将当前设置保存在预设名下。
- "保存预设"窗口：显示保存预设名称。
- 加载：加载"保存预设"列表中当前高亮显示的预设。
- 保存：保存"预设名"字段中的当前名称并放入"保存预设"窗。
- 删除：删除"保存预设"窗中的选定项。

【练习3-14】：在草地中散布花朵

01 打开素材文件"第3章\3-14 在草地中散布花朵.max"，该文件中提供了一块绿色的草地场景和几朵小花模型，如图3-185所示。下面来学习如何将花散布在草丛中。

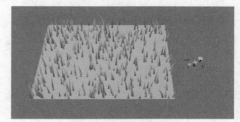

图3-185　打开素材

02 选择红色小花，在"创建"面板的"几何体"下拉列表中选择"复合对象"，单击"散布"按钮，在拾取分布对象栏中单击"抽取分布对象"按钮，接着在视口中选择"草地"模型进行拾取，草地变成了花的颜色，所选择的花被散落到了草丛中，如图3-186所示。

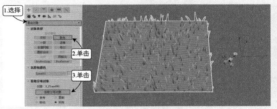

图3-186　散布红花

03 设置"重复数"为3，如果花是横着摆放的，可以通过勾选"垂直"复选框来改变花的方向。选择分布方式为"偶校验"，并勾选"隐藏分布对象"复选框，如图3-187所示。设置参数后，花被随机散布在草地上，效果如图3-188所示。

图3-187　设置参数

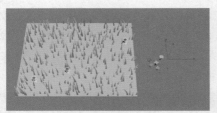

图3-188 查看效果

04 选择紫色的小花,单击"散布"按钮,在拾取分布对象栏中单击"抽取分布对象"按钮,然后在视口中单击"草地"模型进行拾取,设置"重复数"为5,取消勾选"垂直"复选框,设置分布方式为"随机面",并勾选"隐藏分布对象"复选框,所选择的花被散落到了草丛中,如图3-189所示。

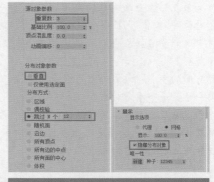

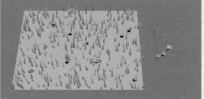

图3-190 散布红花

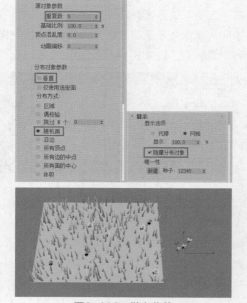

图3-189 散布紫花

05 选择一簇红花,用同样的方式进行散布,设置"重复数"为3,勾选"垂直"复选框,设置分布方式为"跳过N个",数值为12,再勾选"隐藏分布对象"复选框,效果如图3-190所示。

06 再次选择一朵小花,用同样的方式进行散布,设置"重复数"为4,勾选"垂直"复选框,设置分布方式为"体积",勾选"隐藏分布对象"复选框,如图3-191所示。

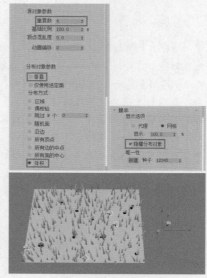

图3-191 散布紫花

07 选择另一朵小花,用同样的方式进行散布,设置"重复数"为5,勾选"垂直"复选框,设置分布方式为"偶校验",使用同一种分布方式,花有可能与前面的重叠,因此可在局部平移栏中略微调整,例如设置Y轴为10、Z轴为5,如图3-192所示。

08 勾选"隐藏分布对象"复选框,小花被散布在草丛中,并没有影响到前面散布好的花,如图3-193所示。

图3-192　设置参数

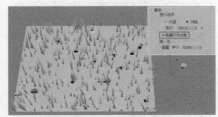

图3-193　散布蓝花

⑨ 选择最后一朵小花，用同样的方式进行散布，设置"重复数"为4，勾选"垂直"复选框，设置分布方式为"跳过N个"，设置数值为3，改变跳过的数量可以改变花的位置，勾选"隐藏分布对象"复选框，效果如图3-194所示。

图3-194　设置参数

⑩ 现在，所有的小花都已经被散布到了草丛中，效果如图3-195所示，可以通过移动坐标轴改变整组花的位置。

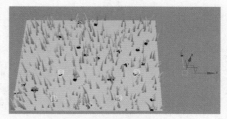

图3-195　最终效果

3.3.4　图形合并

使用"图形合并"工具，可以创建包含网格对象和一个或多个图形的复合对象，这些图形嵌入网格中，或者从网格中消失，其参数设置面板如图3-196所示。

图3-196　"图形合并"参数设置面板

"图形合并"工具的各参数含义介绍如下。

➢ 拾取图形：单击该按钮，然后在场景中单击要嵌入网格对象中的图形，图形可以沿着图形局部Z轴负方向投射到网格对象上。

➢ 参考/复制/移动/实例：选择如何将图形传输到复合对象中。

➢ 运算对象：在列表中显示所有的操作对象。

➢ 名称：在选项框中显示选中的操作对象的名称。

➢ 删除图形：单击该按钮，可从复合对象中删除图形。

➢ 提取操作对象：单击该按钮，可以提取选中操作对象的副本或实例。只有在"操作对象"列表中选择操作对象时，该按钮才可能被激活。

➢ 实例/复制：选择提取操作对象的方式。

➢ 饼切：选择该项，可以切去网格对象曲面外部的图形。

➢ 合并：选择该项，可将图形与网格对象曲面合并。

➢ 反转：勾选该复选框，可反转"饼切"或"合并"效果。

➢ 输出子网格选择：在该选项组中提供了指定将哪个选择级别传送到"堆栈"中。

➢ 始终：选择该项，可始终更新显示。

➢ 渲染时：选择该项，可仅在场景渲染时更新显示。

➢ 手动：选择该项，则在单击"更新"按钮后才可更新显示。

➢ 更新：在选择"渲染时"选项及"手动"选项时，该按钮才可被激活。

在制作模型前，首先要明白模型的重要性及建模的思路以及常用的建模方法。只有掌握了这些看似最基本的知识，才能在实际的建模工作中得心应手。

本章主要介绍了3ds Max 2020软件中一些常用的建模工具，包括二维图形、三维几何体和复合对象等，熟悉这些工具后可以完成一些简单的建模操作。但要想制作出更加精细复杂的模型，仅靠这些工具还远远不够，本书下面的章节将引导读者学习其他更为高阶的内容。

运用本章所学的知识，使用标准基本体制作茶几，如图3-197所示，尺寸可任意。

图3-197　拓展训练——制作茶几

第4章
对象修改器

在3ds Max中，虽然可以使用"可编辑对象"来自由地调整模型形态，但要想得到一些特殊形状的对象仍然比较困难。这时修改器的作用就不言而喻，3ds Max提供了多种修改器，可以使模型变形，生成一些特殊的效果。

学 习 重 点

➤ 掌握修改器的堆栈   ➤ 常用修改器建模   ➤ 修改器参数设置

4.1 修改器的使用

修改器对于创建一些特殊形状的模型具有非常大的优势，当使用多边形建模等建模方法很难达到模型的要求时，就可以使用修改器建模。

4.1.1 给对象添加修改器

给对象添加修改器的方法非常简单。选择一个对象后，进入"修改"面板，然后单击"修改器列表"后面的 ▼ 按钮，在弹出的下拉列表中可以选择相应的修改器，如图4-1所示。

选择对象

选择修改器

"晶格"修改器效果

图4-1 给对象添加修改器

4.1.2 修改器堆栈

修改器堆栈位于"命令"面板中，如图4-2所示，可以在面板中观察到修改器堆栈中的工具。修改器堆栈中的重要工具介绍如下。

➤ 锁定堆栈 ✐ ：单击该按钮，可以将堆栈和"命令"面板中的所有控件锁定到选中对象的堆栈中。即便在场景中选择了其他对象，也可继续对锁定堆栈的对象进行编辑。

➤ 最终结果开/关 ▮ ：单击该按钮，可以在选中的对象上显示整个堆栈的效果。

➤ 使唯一 ⚘ ：在场景中有选择集对象时，单击该按钮，可以将关联的对象修改成独立的对象，即可对选择集中的对象单独进行操作。

➤ 从堆栈中移除修改器 🗑 ：可以清除由修改器所做的一切更改。

➤ 配置修改器集 🗏 ：单击该按钮，会弹出如图4-3所示的菜单，菜单中的各项命令可以用来配置在"命令"面板中如何显示和选择修改器。

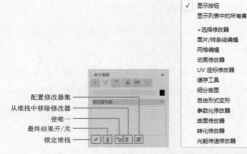

配置修改器集
从堆栈中移除修改器
使唯一
最终结果开/关
锁定堆栈

图4-2 修改器堆栈   图4-3 配置修改器集

4.2　对象空间修改器

对象空间修改器包含多种类型，本节就针对常用的修改器进行详细介绍，例如"挤出""倒角""弯曲""扭曲""锥化"修改器等等。熟练掌握修改器可以节省操作时间，提高工作效率。

4.2.1　"挤出"和"倒角"修改器

1."挤出"修改器

"挤出"修改器可以将二维图形添加一定的深度使其变为三维对象，其参数设置面板如图4-4所示。

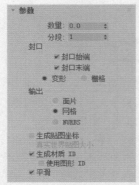

图4-4　"挤出"修改器的"参数"面板

下面通过一个实际操作来学习如何添加"挤出"修改器。

【练习 4-1】：创建室内墙体

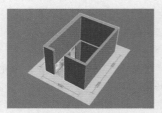

01 启动3ds Max 2020，新建空白文件。

02 在"创建"面板的"几何体"下拉列表中选择"标准基本体"选项，然后单击"平面"按钮，如图4-5所示。

03 在视口区域中按住左键并拖动，然后释放鼠标，完成平面对象的创建。在"参数"卷展栏下，设置平面的"长度"和"宽度"分别为739和593，如图4-6所示。

图4-5　平面

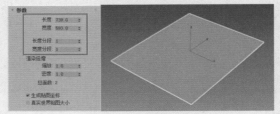

图4-6　创建平面

04 打开"素材\第4章\4-1墙体.jpg"素材文件，将该图片拖至场景中的平面几何体上，作为参考图像添加到场景中，如图4-7所示。

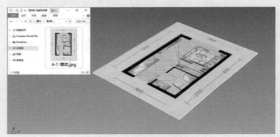

图4-7　添加参考图

05 在"创建"面板的"图形"下拉列表中选择"样条线"选项，然后，单击"线"按钮，如图4-8所示。

06 根据参考图像中墙体的形状，在顶视图中单击以创建线，当线的起点和终点重叠在一起时，系统将会弹出如图4-9所示"样条线"对话框，在"样条线"对话框中单击"是"按钮，最终效果如图4-10所示。

图4-8　线　　　图4-9　"样条线"对话框

3ds Max+VRay动画及效果图制作从新手到高手

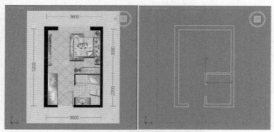

图4-10 墙体最终效果

◎提示·◦

　　在创建"线"图形时，按住Shift键可保持所绘制的线段为直线。

⑦ 选中场景中的线，切换到"修改"面板，在"修改器列表"中添加"挤出"修改器，如图4-11所示。

图4-11 "挤出"修改器

⑧ 在"参数"卷展栏设置"数量"参数为280，即挤出的墙体高度，效果如图4-12所示。

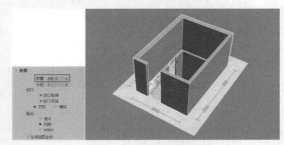

图4-12 室内墙体效果

2. "倒角"修改器

　　"倒角"修改器同样可以将二维图形挤出为三维对象，并且还会在边缘应用平滑的倒角效果，因此其参数设置面板包含"参数"和"倒角值"两个卷展栏，如图4-13所示。

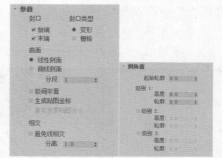

图4-13 "倒角"修改器参数

　　下面通过一个练习来学习如何添加"倒角"修改器。

【练习4-2】：创建窗格图案

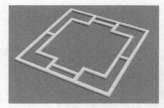

① 启动3ds Max 2020，新建空白文件。

② 在"创建"面板的"几何体"下拉列表中选择"标准基本体"选项，然后单击"平面"按钮，如图4-14所示。

图4-14 平面

③ 在视口区域中按住左键并拖动，然后释放鼠标，完成平面对象的创建。在"参数"卷展栏下，设置平面的"长度"和"宽度"分别为333和307，如图4-15所示。

图4-15 创建平面

04 打开"素材\第4章\4-2窗格.jpg"素材文件，将该图片拖至场景中的平面几何体上，作为参考图像添加到场景中，如图4-16所示。

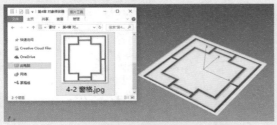

图4-16　添加参考图

05 在"创建"面板的"图形"下拉列表中选择"样条线"选项，然后单击"线"按钮，根据参考图像中窗格的形状，在顶视图中创建多个闭合的样条线，效果如图4-17所示。

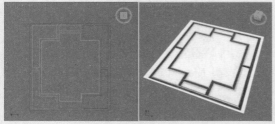

图4-17　创建线

06 选择其中任意一个样条线，如图4-18所示，切换到"修改"面板，然后在"几何体"卷展栏下单击"附加"按钮，激活"附加"工具，如图4-19所示。

07 将光标移动到其他样条线时，光标会显示"附加"标识，接着分别单击其他样条线，将所有样条线附加为一个整体，效果如图4-20所示。

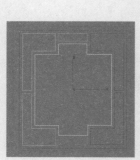

图4-18　选择线　　图4-19　选择"附加"工具

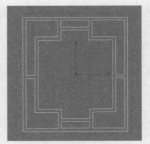

图4-20　执行"附加"

08 在"修改"面板的"修改器下拉列表"中，选择添加"倒角"修改器，如图4-21所示。

09 在"倒角值"卷展栏下，设置"级别1"的"高度"和"轮廓"分别为2.0和1.0，然后勾选"级别2"复选框，设置"高度"为4.0，最后勾选"级别3"复选框，设置"高度"和"轮廓"分别为2.0和−1.0，如图4-22所示，得到的窗格最终效果如图4-23所示。

图4-21　"倒角"修改器　图4-22　"倒角"参数

图4-23　窗格最终效果

4.2.2　"弯曲"修改器

使用"弯曲"修改器，可以在任意三个轴上控制选中物体弯曲的角度及方向，也可限定几何体的某一段弯曲的效果，其参数设置面板如图4-24所示。

3ds Max+VRay动画及效果图制作从新手到高手

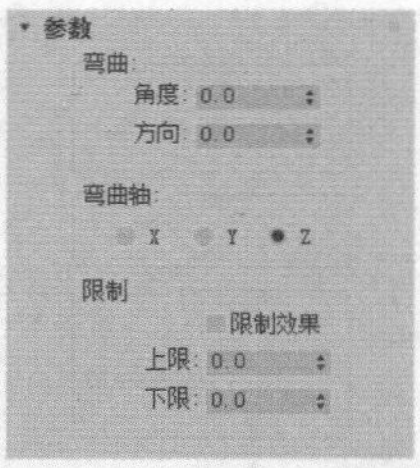

图4-24 "弯曲"修改器参数

"弯曲"修改器各项参数的含义介绍如下。

图4-26 创建"直线楼梯"

> 角度：定义从顶点平面要弯曲的角度，值设置范围为-999999~999999。

> 方向：定义弯曲相对于水平面的方向，值设置范围为-999999~999999。

> X/Y/Z弯曲轴：选定要弯曲的轴，系统默认选择Z轴。

> 限制效果：勾选该复选框，将限制约束应用在弯曲效果上。

> 上限：以世界单位设置上部的边界，此边界位于弯曲中心点的上方，超出该边界弯曲则不再影响几何体，值设置范围为0~999999。

> 下限：以世界单位设置下部的边界，此边界位于弯曲中心点的下方，超出该边界弯曲则不再影响几何体，值设置范围为-999999~0。

下面通过一个实际操作来学习如何添加"弯曲"修改器。

【练习4-3】：修改旋转楼梯

01 启动3ds Max 2020，新建空白文件。

02 在"创建"面板的"几何体"下拉列表中选择"楼梯"选项，单击"直线楼梯"按钮，如图4-25所示，在视图中拖动创建直线楼梯，如图4-26所示。

图4-25 选择"直线楼梯"

03 在"参数"卷展栏中设置"类型"为"开放式"，取消勾选"支撑梁"复选框，设置"长度"和"宽度"分别为88.0和20.0，"总高"和"竖板高"分别为54.0和4.5，台阶的"厚度"为2.0，效果如图4-27所示。

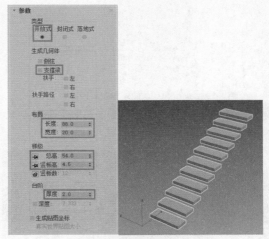

图4-27 修改楼梯参数

04 在"修改"面板下的"修改器列表"中选择添加"弯曲"修改器，如图4-28所示。

图4-28 添加"弯曲"修改器

05 在"参数"卷展栏中设置弯曲的"角度"和"方向"分别为120和0，选择弯曲轴为Y轴，如图4-29所示。

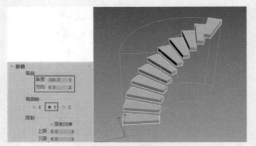

图4-29 旋转楼梯效果

06 在"创建"面板的"几何体"下拉列表中选择"标准基本体"选项,单击"圆柱体"按钮,创建一个圆柱体,如图4-30所示。

图4-30 选择"圆柱体"

07 调整该圆柱体的参数和位置,效果如图4-31所示。

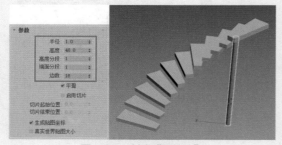

图4-31 创建"圆柱体"

08 使用"选择并移动"工具 ✛ 沿X、Y轴拖动圆柱体,在弹出的"克隆选项"窗口选择"复制"选项,单击"确定"按钮,如图4-32所示。

09 调整旋转楼梯,效果如图4-33所示。

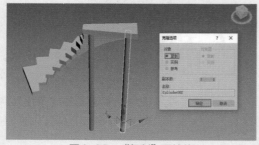

图4-32 "复制"圆柱体

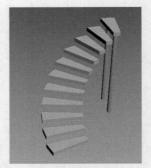

图4-33 调整旋转楼梯

4.2.3 "扭曲"修改器

"扭曲"修改器可以使选中的物体产生扭曲效果,不但可以控制任意三个轴上选中物体的扭曲角度,也可以限制几何体的某一段扭曲效果,其参数设置面板如图4-34所示。

图4-34 "扭曲"修改器参数

"扭曲"修改器各项参数的含义介绍如下。

➢ 角度:确定围绕垂直轴扭曲的量。
➢ 偏移:使扭曲旋转在对象的任意末端聚团。
➢ X/Y/Z:指定执行扭曲所沿着的轴。
➢ 限制效果:对扭曲效果应用限制约束。
➢ 上限:设置扭曲效果的上限。
➢ 下限:设置扭曲效果的下限。

下面通过一个实际操作来学习如何添加"扭曲"修改器。

【练习 4-4】:修改装饰柱

01 打开"第4章\4-4修改装饰柱.max"素材文件,效果如图4-35所示。

3ds Max+VRay动画及效果图制作从新手到高手

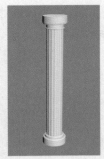

图4-35 装饰柱

02 选择中间的石柱对象,在"修改"面板的"修改器列表"中,选择添加"扭曲"修改器,如图4-36所示。

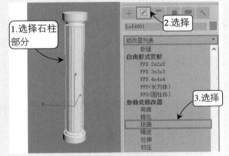

图4-36 扭曲修改器

03 在"参数"卷展栏中设置扭曲"角度"为360,选择"扭曲轴"为Y轴,如图4-37所示。

04 最终的螺旋装饰柱效果如图4-38所示。

图4-37 扭曲参数

图4-38 装饰柱最终效果

4.2.4 "壳"修改器

"壳"修改器是一种类似挤出的修改器,作用也是实现线面体之间的转换。与"挤出"和"车削"修改器相比,具有明显优势。

"壳"修改器是以当前平面为起点,控制内部量和外部量挤出的方式。内部量是向坐标轴负方向挤出,外部量是向坐标轴正方向挤出,所以不会受

整体法线的约束。因此建模时选择合适的平面作为起点,使用"壳"修改器就可以节省很多不必要的对齐命令的使用。如图4-39所示为使用"壳"修改器直接完成的外围边框。

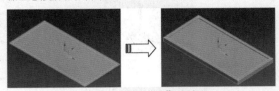

图4-39 使用"壳"修改器

4.2.5 "锥化"修改器

"锥化"修改器可以通过控制任意三个轴上锥化数值的大小,使选中的几何体产生锥化效果,其参数设置面板如图4-40所示。

"锥化"修改器各项参数的含义介绍如下。

图4-40 "锥化"修改器参数

➢ 数量:缩放扩展的末端。这个量是一个相对值,最大值为10。

➢ 曲线:对锥化gizmo的侧面应用曲率,因此影响锥化对象的图形。正值会沿着锥化侧面产生向外的曲线,负值产生向内的曲线。值为0时,侧面不变。

➢ 主轴X/Y/Z:用于表示锥化的中心轴或中心线。

➢ 效果X/Y/XY:用于表示主轴上的锥化方向的轴或轴对称。

➢ 对称:围绕主轴产生对称锥化。锥化始终围绕影响轴对称。

➢ 限制效果:对锥化效果启用上下限。

➢ 上限:用世界单位从倾斜中心点设置上限边界,超出这一边界以外,倾斜将不再影响几何体。

➢ 下限:用世界单位从倾斜中心点设置下限边界,超出这一边界以外,倾斜将不再影响几何体。

01 启动3ds Max 2020，新建空白文件。

02 在"创建"面板的"几何体"下拉列表中选择"标准基本体"选项，然后单击"长方体"按钮，如图4-41所示，在视口中拖动鼠标创建一个长方体，如图4-42所示。

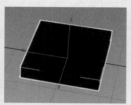

图4-41　选择"长方体"　　图4-42　创建"长方体"

03 在"参数"卷展栏中设置长方体的"长度"为22、"宽度"为16、"高度"为1.5，"长度分段""宽度分段"和"高度分段"都为1，如图4-43所示，用"选择并移动"工具 ✛ 选择长方体，在视图下方的"移动变换栏"中设置X、Y、Z轴的数值都为0，将长方体居中到世界坐标中心位置，如图4-44所示。

图4-43　"长方体"参数

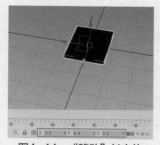

图4-44　"移动"长方体

04 在"创建"面板，单击"圆柱体"按钮，在视图中拖动鼠标创建圆柱体，在"参数"卷展栏中设置"半径"为1、"高度"为40、"高度分段"为1、"边数"为18，如图4-45所示。

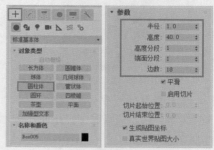

图4-45　"圆柱体"参数

05 使用"选择并移动"工具 ✛ 选择圆柱体，在"移动变换栏"中设置X、Y、Z轴的数值都为0，将圆柱体居中到世界坐标中心位置，如图4-46所示。

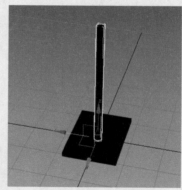

图4-46　"移动"圆柱体

06 在"创建"面板，单击"长方体"按钮，在视图中拖动鼠标创建长方体，在"参数"卷展栏中设置"长度"为30、"宽度"为30、"高度"为15，设置"长度分段""宽度分段"和"高度分段"参数都为1，如图4-47所示。

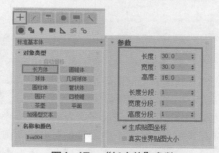

图4-47　"长方体"参数

3ds Max+VRay动画及效果图制作从新手到高手

07 激活"选择并移动"工具 ✛，在"参数变换栏"中设置X轴和Y轴为0、Z轴为35，如图4-48所示。

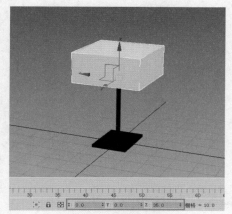

图4-48 移动长方体

08 在视图中右击弹出"四元菜单"，将长方体转换为可编辑的多边形，如图4-49所示。在"修改"面板的"修改器堆栈"栏中选择"多边形"模式，单击对象底部的多边形，按Delete键删除，效果如图4-50所示。

图4-49 转换为可编辑多边形

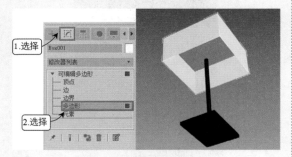

图4-50 删除底部多边形

09 选择对象顶部的多边形，如图4-51所示，在"编辑多边形"卷展栏中，单击"插入设置"按钮 ☐，设置插入"数量"为3，单击"确认"按钮 ☑，如图4-52所示。

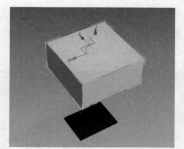

图4-51 选择多边形

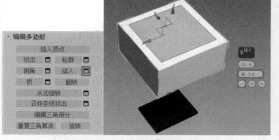

图4-52 "插入"多边形

10 选择顶部多边形，单击"倒角设置"按钮 ☐，设置倒角"高度"为-1.5、"轮廓"为-1，单击"确认"按钮 ☑，如图4-53所示。

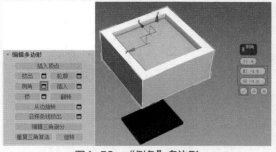

图4-53 "倒角"多边形

11 在"修改器堆栈"栏单击"多边形"按钮，退出"多边形"模式，在"修改器列表"中选择添加"壳"修改器，如图4-54所示。

图4-54 添加"壳"修改器

⓬ 在"参数"卷展栏中设置"内部量"为1、"外部量"为0，为灯罩创建厚度，如图4-55所示。

图4-55 灯罩厚度

⓭ 在"修改器列表"中选择添加"锥化"修改器，接着在"参数"卷展栏中设置锥化"数量"为-0.5，完成台灯的创建，如图4-56所示。

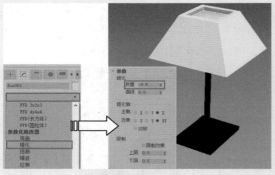

图4-56 台灯效果

4.2.6 "补洞"修改器

当导入对象时，有时会丢失面，"补洞"修改器能检验并且沿着开口的边创建一个新面来消除破损。"补洞"修改器的参数包括"平滑新面""与旧面保持平滑"和"三角化封口"，如图4-57所示。

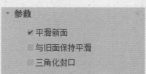

图4-57 "补洞"修改器参数

4.2.7 "置换"修改器

"置换"修改器以力场的形式来推动和重塑对象的几何外形，可以直接从修改器的Gizmo（也可以使用位图）来应用变量力，其参数设置面板如图4-58所示。

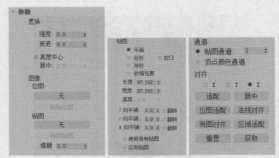

图4-58 "置换"修改器参数

4.2.8 "车削"修改器

"车削"修改器可以通过围绕坐标轴旋转一个图形或NURBS曲线来生成3D对象，其参数设置面板如图4-59所示。

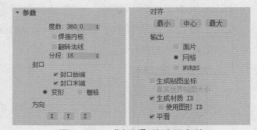

图4-59 "车削"修改器参数

下面通过一个实际操作来学习如何添加"车削"修改器。

【练习4-6】：创建果盘模型

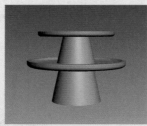

⓵ 启动3ds Max 2020，新建空白文件。

⓶ 在"创建"面板的"图形"下拉列表中选择"样条线"选项，单击"线"按钮，如图4-60所示。

⓷ 在前视图中绘制一条如图4-61所示的样条线。

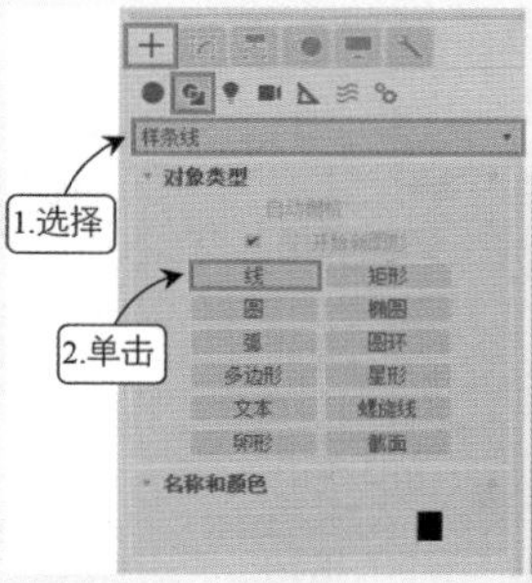

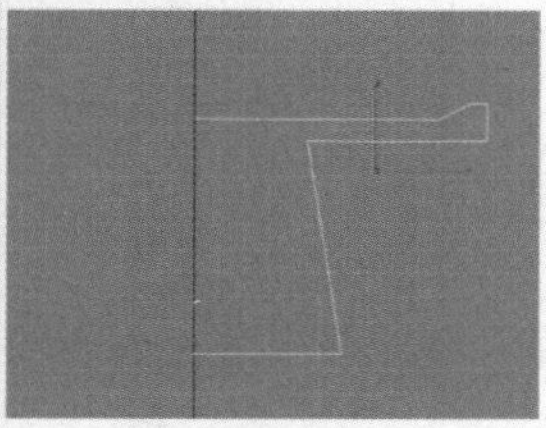

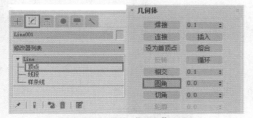

图4-60　单击"线"按钮　　　　图4-61　绘制线

04 在"修改"面板中激活"顶点"模式，在"几何体"卷展栏下单击"圆角"按钮，如图4-62所示。

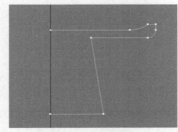

图4-62　单击"圆角"按钮

05 在前视图中拖动转角处的顶点，创建圆角效果，如图4-63所示。

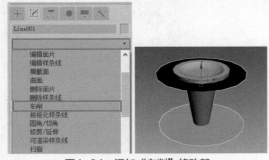

图4-63　创建圆角

06 退出"顶点"模式，在"修改器列表"中选择添加"车削"修改器，效果如图4-64所示。

图4-64　添加"车削"修改器

07 在"参数"卷展栏下设置"度数"为360，勾选"翻转法线"复选框，设置"分段"为32，设

置方向为X轴，对齐类型为"最小"，效果如图4-65所示。

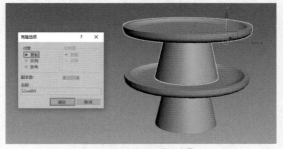

图4-65　设置"车削"参数

08 按住Shift键沿Y轴向上拖动果盘，在"克隆选项"对话框中选择"复制"选项，单击"确定"按钮，复制效果如图4-66所示。

图4-66　复制"果盘"

09 切换到"选择并缩放"工具，缩小上方的果盘，并使用"选择并移动"工具调整果盘位置，最终效果如图4-67所示。

图4-67　果盘模型

4.2.9　"噪波"修改器

沿着三个轴的任意组合调整对象顶点的位置，是模拟对象形状随机变化的重要动画工具，其参数设置面板如图4-68所示。

图4-68 "噪波"修改器参数

"噪波"修改器各项参数的含义介绍如下。

- 种子：从设置的数中生成一个随机起始点。
- 比例：设置噪波影响（不是强度）的大小。较大的值产生更为平滑的噪波，较小的值产生锯齿现象更严重的噪波。
- 分形：根据当前设置产生分形效果。
- 粗糙度：决定分形变化的程度。较低的值比较高的值更精细。
- 迭代次数：控制分形功能所使用的迭代（或是八度音阶）数目。较小的迭代次数使用较少的分形能量并生成更平滑的效果。
- X/Y/Z：沿着三条轴的每一个设置噪波效果的强度。
- 动画噪波：调节"噪波"和"强度"参数的组合效果。
- 频率：设置正弦波的周期。调节噪波效果的速度。较高的频率使得噪波振动得更快，较低的频率产生较为平滑和更温和的噪波。
- 相位：移动基本波形的开始点和结束点。

下面通过一个实际操作来学习如何添加"噪波"修改器。

【练习4-7】：创建山路模型

01 启动3ds Max 2020，新建空白文件。

02 在"创建"面板的"几何体"下拉列表中选择"标准基本体"选项，再单击"平面"按钮，在视口中拖动鼠标创建一个平面，如图4-69所示。

03 在"参数"卷展栏下设置"长度"和"宽度"都为300，"长度分段"和"宽度分段"都为80，平面效果如图4-70所示。

图4-69 单击"平面"按钮

图4-70 创建平面

04 在"修改"面板的"修改器列表"中选择添加"噪波"修改器，如图4-71所示。

图4-71 添加"噪波"修改器

05 在"参数"卷展栏，设置噪波"比例"为240、"粗糙度"为0.2、"迭代次数"为6，Z轴强度为100，平面效果如图4-72所示。

图4-72 设置"噪波"参数

06 在"创建"面板的"图形"下拉列表中选择"样条线"选项，单击"线"按钮，如图4-73所示。

07 在视口中创建闭合样条线，并使用"选择并移动"工具 ✛ 向上移动线，如图4-74所示。

3ds Max+VRay动画及效果图制作从新手到高手

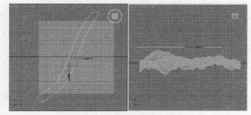

图4-73　单击"线"按钮

图4-74　创建线

⑧ 在"几何体"下拉列表中选择"复合对象"选项，如图4-75所示。

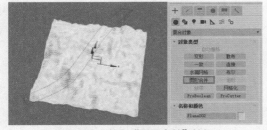

图4-75　选择"复合对象"

⑨ 在视口中选择平面对象，单击"图形合并"按钮，如图4-76所示。

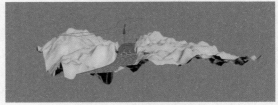

图4-76　单击"图形合并"按钮

⑩ 在"拾取运算对象"卷展栏中单击"拾取图形"按钮，在视口中单击拾取"线"，如图4-77所示。

⑪ 在视口中右击打开"四元菜单"，选择将平面"转换为可编辑多边形"选项，如图4-78所示。

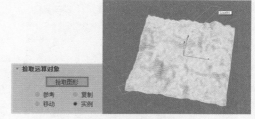

图4-77　拾取图形

图4-78　"转换为可编辑多边形"

⑫ 在"修改"面板下激活"多边形"模式，3ds Max将自动选择与图形合并区域的多边形，如图4-79所示。

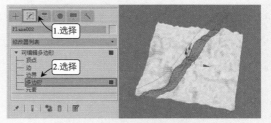

图4-79　"多边形"模式

⑬ 在"编辑几何体"卷展栏下，选择沿Z轴平面化选择多边形，效果如图4-80所示。

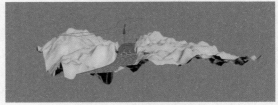

图4-80　"平面化"多边形

⑭ 山路模型的最终效果如图4-81所示。

图4-81　山路模型最终效果

4.2.10　"融化"修改器

"融化"修改器可以将实际融化效果应用到所有类型的对象上，包括可编辑面片和NURBS对象，同样也包括传递到堆栈的子对象。选项包括边的下沉、融化时的扩张以及可自定义的物质集合，这些物质的范围包括从坚固的塑料表面到在其自身上塌陷的冻胶类型，其参数设置面板如图4-82所示。

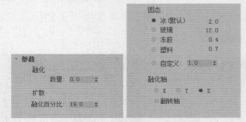

图4-82　"融化"修改器参数

"融化"修改器各项参数的含义介绍如下。

➢ 数量：指定"衰退"程度，从而影响对象。
➢ 融化百分比：指定随着"数量"值增加从而影响对象和融化扩展。
➢ 冰：冻结水的固态。
➢ 玻璃：模拟玻璃的高固态。
➢ 冻胶：模拟冻胶的低固态。
➢ 塑料：模拟塑料的中低固态。
➢ 自定义：可设置数值范围为0.2~30的自定义固态值。
➢ X/Y/Z：选择会产生融化的轴（对象的局部轴）。
➢ 翻转轴：融化沿着给定的轴从正向朝着负向发生，启用"翻转轴"来反转这一方向。

4.2.11　FFD修改器　☆难点☆

FFD修改器也称为"自由变形"修改器，有5种类型，分别为FFD2×2×2修改器、FFD3×3×3修改器、FFD4×4×4修改器、FFD（长方体）修改

器和FFD（圆柱体）修改器。几何体选择FFD修改器后，即被晶格框包围住，通过调整晶格框上的控制点来改变封闭几何体的形状。常用的FFD类型修改器为FFD（长方体）修改器，其参数设置面板如图4-83所示。

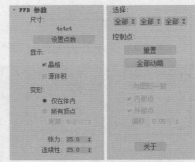

图4-83　FFD（长方体）修改器

FFD修改器各项参数的介绍如下。

➢ 设置点数：在系统弹出的如图4-84所示的"设置FFD尺寸"对话框中可以设置长度、宽度、高度的点数。

图4-84　设置FFD尺寸

➢ 晶格：连接控制点的线条形成栅格。
➢ 源体积：将控制点和晶格以未修改的状态显示出来。
➢ 仅在体内：仅有位于源体积内的顶点会变形。
➢ 所有顶点：使所有顶点会变形。
➢ 张力/连续性：可以调整变形样条线的张力和连续性。
➢ 全部X/全部Y/全部Z：选中沿着由这些轴指定的局部维度的所有控制点。
➢ 重置：所有控制点可恢复到原始位置。
➢ 全部动画：将控制器指定给所有的控制点，以便在轨迹视图中可见。
➢ 与图形一致：在对象中心控制点位置之间沿直线方向来延长线条，可将每一个FFD控制点移到修改对象的交叉点上。
➢ 内部点：仅控制受"与图形一致"影响的对象内部的点。
➢ 外部点：仅控制受"与图形一致"影响的对象外部的点。
➢ 偏移：其中的数值定义了控制点偏移对象曲面的距离。

4.2.12 "面挤出"和"球形化"修改器 ☆难点☆

1. "面挤出"修改器

"面挤出"修改器可沿面的法线拉伸生成新面，其参数设置面板如图4-85所示。

2. "球形化"修改器

添加"球形化"修改器，可以使一个对象变成一个球形，该修改器只有一个参数，即尽可能将对象变形为球形的"百分比"微调器，如图4-86所示。

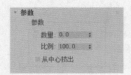

图4-85 "面挤出" 图4-86 "球形化"
修改器参数 修改器参数

4.3 "世界空间"修改器

"世界空间"修改器集合了基于世界空间坐标而非单个对象的局部坐标系，如图4-87所示。当应用了一个"世界空间修改器"后，无论物体是否发生了移动，其都不会受到任何影响。

4.3.1 摄影机贴图

使用摄影机贴图可以将UVW贴图坐标应用于对象，其参数设置面板如图4-88所示。

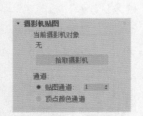

图4-87 "世界空间修改 图4-88 "摄影机
器"集合列表 贴图"参数

4.3.2 "路径变形"修改器

"路径变形"修改器可以根据图形、样条线或NURBS曲线路径将对象进行变形，其参数设置面板如图4-89所示。

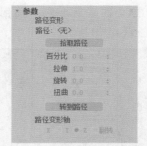

图4-89 "路径变形"修改器参数

4.3.3 毛发修改器 ☆难点☆

毛发修改器在3ds Max 2020中显示为"Hair和Fur（WSM）"，用于为物体添加毛发。该修改器可应用于需要生长头发的任意对象，既可以应用于网络对象，也可以应用于样条线对象，其参数设置面板如图4-90所示。

图4-90 毛发修改器参数

【练习4-8】：创建鞋刷毛发

① 打开素材文件"第4章\4-8创建鞋刷毛发.max",如图4-91所示。

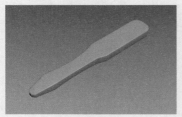

图4-91　鞋刷模型素材

② 选择鞋刷模型,在"修改"面板的"修改器列表"中选择添加"Hair和Fur（WSM）"修改器,效果如图4-92所示。

图4-92　添加"Hair和Fur（WSM）"修改器

③ 激活"多边形"模式,分别在"上"和"下"两个视图选择多边形,效果如图4-93所示。

图4-93　选择"多边形"

④ 选择"Hair和Fur（WSM）"修改器层级,刷新毛发生长位置,效果如图4-94所示。

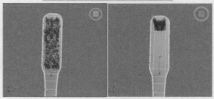

图4-94　设置毛发生长位置

⑤ 在"常规参数"卷展栏中设置"毛发数量"为1000、"毛发段"为2、"比例"为85、"随机比例"为8、"根厚度"为18、"梢厚度"为12,效果如图4-95所示。

图4-95　设置"常规参数"

⑥ 在"材质参数"卷展栏中单击"梢颜色"按钮，在"颜色拾取器：梢颜色"窗口中设置"饱和度"为0、"亮度"为8,然后以同样的方法设置"根颜色"的"饱和度"和"亮度"都为0,如图4-96所示。最后,设置"高光"为60、"光泽度"为80,如图4-97所示。

图4-96　"梢颜色"和"根颜色"

⑦ 在"卷发参数"卷展栏中设置"卷发根"为10、"卷发梢"为20,在"多股参数"卷展栏中设置"数量"为20、"根展开"为0.08、"梢展开"为0.6,如图4-98所示,鞋刷效果如图4-99所示。

3ds Max+VRay动画及效果图制作从新手到高手

图4-97　"高光"和"光泽度"

图4-98　"卷发参数"和"多股参数"

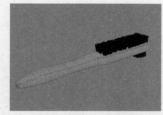

图4-99　鞋刷效果

08 在场景中添加简单的灯光和背景，按快捷键F9执行渲染命令，渲染效果如图4-100所示。

图4-100　鞋刷渲染效果

知识拓展

　　"修改"面板是3ds Max软件很重要的一个组成部分，而"修改器堆栈"则是"修改"面板的核心。所谓修改器建模，即是对模型进行编辑，改变其几何形状和属性的建模过程。

　　修改器对于创建一些特殊形状的模型具有不可比拟的优势，因此在使用多边形建模等建模方法很难达到模型要求时，不妨采用修改器进行制作。

拓展训练

　　运用本章所学的知识，制作出户型墙体，如图4-101所示。

图4-101　拓展训练——制作出户型墙体

第5章
高级建模工具

3ds Max除了前面章节所介绍的基本建模工具外，还有许多高级建模工具，例如网格建模和多边形建模等，可以用来创建一些较为复杂的曲面模型。

────────── 学 习 重 点 ──────────

➤ 网格与多边形模型的创建   ➤ 模型对象与可编辑多边形的转换

5.1 了解可编辑网格与多边形

多边形不是创建出来的，而是将参数化对象转换为可编辑对象产生的。转换为多边形后，能够在原对象的基础上再次进行编辑处理。

5.1.1 使用多边形创建复杂模型的流程

多边形建模作为当今的主流建模方式，已经被广泛应用到游戏角色、影视、工业造型、室内外等模型制作中。多边形建模方法在编辑上更加灵活，对硬件的要求也很低，其建模思路与网格建模的思路很接近，不同点在于网格建模只能编辑三角面，而多边形建模对面数没有任何要求，如图5-1所示为一些典型的多边形建模作品。

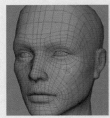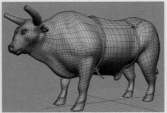

图5-1　多边形建模作品

使用3ds Max创建模型的流程与其他三维软件大致相同，都要事先确立一个明确目标，在脑中描绘出模型的最终的轮廓，总的来说可以分为以下3个阶段。

1. 前期准备

前期需要分析模型的大致组成，将模型分解为若干个组成部分，然后去构思如何完成这些部分。

在开始前可以查找相关素材，思考如何才能以最少的面数呈现出最好的效果。

如果想要创建一些截面比较奇特的模型，就不能通过简单的建模工具来完成，而必须通过3ds Max中的样条曲线工具来绘制草图，然后对其进行挤压操作得到实体，如图5-2所示。

图5-2　奇特模型截面的创建

2. 生成实体

如果要创建的模型部分并没有过于奇特的地方，则可以直接使用3ds Max中自带的基本建模工具来进行创建，例如立方体、圆柱体工具等。通过使用这些基本建模工具，再配合3ds Max中的多边形编辑工具，便可以创建出绝大多数的模型。

3. 为模型赋上材质

一定要在每建完一个模型后都及时赋上材质，同时将每个材质在材质球上标好名称，这样以后如果需要进一步调整，就可以通过选择材质球将使用同一材质的物体都选出来。

5.1.2 将对象转换为可编辑多边形
☆重点☆

在编辑多边形对象之前，首先要明确多边形对象不是创建出来的，而是塌陷（转换）出来的。将物体塌陷为多边形的方法主要有以下3种。

➢ 选择待转换的对象，单击视口区域上方的"多边形建模"中的"建模"选项卡，在下拉列表中选择"转化为多边形"选项，可以完成转换操作，如图5-3所示。

➢ 选择待转换的对象，在右键菜单中选择"转换为"→"转换为可编辑多边形"选项，如图5-4所示，可将对象转换为多边形对象。

图5-3 单击"转化为 图5-4 右键菜单
多边形"选项

➢ 为对象添加"编辑多边形"修改器，如图5-5所示，可以将其转换为多边形，并可保留原始的创建参数。

图5-5 添加"编辑多边形"修改器

◎提示•·

值得注意的是，经过第1种和第2种转换方法转换得到的多边形将丢失原本的创建参数。

5.1.3 什么是网格与多边形

网格建模是3ds Max高级建模中的一种，与多边形建模的制作思路类似。使用网格建模可以进入到网格对象的"顶点""边""面""多边形"和"元素"级别下编辑对象，如图5-6所示为一些典型的网格模型。

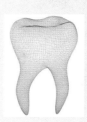

图5-6 网格模型

与多边形对象一样，网格对象也不是创建出来的，而是经过转换而成的。将物体转换为网格对象的方法主要有以下4种。

➢ 在对象上右击，然后在弹出的快捷菜单中选择"转换为"→"转换为可编辑网格"命令。转换为可编辑网格对象后，在"修改器堆栈"中可以观察到对象会变成"可编辑网格"对象，如图5-7所示。值得注意的是，通过这种方法转换成的可编辑网格对象的原始创建参数将全部丢失。

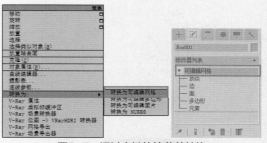

图5-7 通过右键快捷菜单转换

➢ 选中对象，然后在"命令"面板中的对象上右击，接着在弹出的快捷菜单中选择"可编辑网格"命令，如图5-8所示。这种方法与第1种方法一样，转换成的可编辑网格对象的原始创建参数将全部丢失。

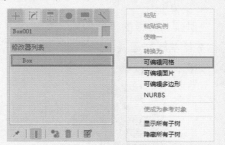

图5-8 在命令面板中转换

➢ 选中对象，然后为其添加一个"编辑网格"修改器，如图5-9所示。通过这种方法转换成的可编辑网格对象的创建参数不会丢失，仍然可以调整。

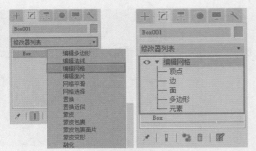

图5-9 通过加载修改器进行转换

> 选中对象，在"创建"面板中单击"实用程序"按钮，切换到"实用程序"面板，然后单击"塌陷"按钮，接着在"塌陷"卷展栏中设置输出类型为"网格"，最后单击"塌陷选定对象"按钮，如图5-10所示。

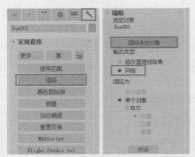

图5-10 通过塌陷方法转换

【练习5-1】：制作矿车模型

01 启动3ds Max 2020软件，新建一个空白文件。

02 在"创建"面板的"几何体"下拉列表中选择"标准基本体"选项，再单击选择"圆柱体"工具，如图5-11所示。

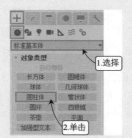

图5-11 "圆柱体"工具

03 在视口中拖动鼠标创建一个圆柱体，然后切换至右侧的"参数"卷展栏，设置"半径"为50、"高度"为140、"边数"为12，勾选"启用切片"复选框，设置"切片结束位置"为180，如图5-12所示。

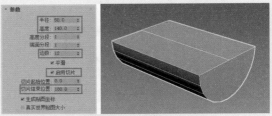

图5-12 创建"半圆柱体"

04 在视口中右击，通过弹出的"四元菜单"执行"转换为可编辑多边形"命令，如图5-13所示。

图5-13 "转换为可编辑多边形"

05 在"修改"面板的"修改器堆栈"栏，激活"边"模式，选择"半圆柱体"底部的边，按快捷键Ctrl+Backspace删除选择边，效果如图5-14所示。

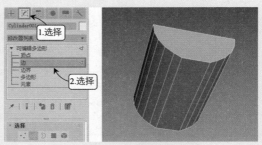

图5-14 删除边

06 在"选择"卷展栏中单击"多边形"按钮■，激活"多边形"模式，选择模型顶部多边形，按Delete键将其删除，效果如图5-15所示。

07 单击"边界"按钮，激活"边界"模式，按住Shift键沿Y轴向上拖动边界，创建新的多边形，如图5-16所示。

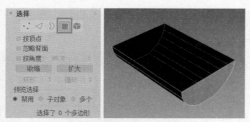

图5-15　删除面

图5-16　添加多边形

⑧ 退出"边界"模式，在"修改器列表"中选择添加"壳"修改器，如图5-17所示。

图5-17　添加"壳"修改器

⑨ 在"参数"卷展栏设置"外部量"为3，创建模型厚度，如图5-18所示。

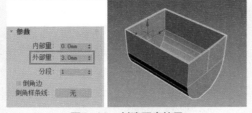

图5-18　创建厚度效果

⑩ 在视口中右击，通过弹出的"四元菜单"执行"转换为可编辑多边形"命令，如图5-19所示。

图5-19　"转换为可编辑多边形"

⑪ 在"选择"卷展栏激活"边"模式，选择模型侧面其中一条边，使用"环形"工具选择环形边，如图5-20所示。

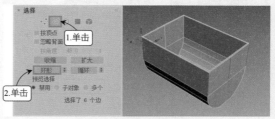

图5-20　选择"环形边"

⑫ 在"编辑边"卷展栏，启动"连接设置"栏，设置连接"滑块"为70，单击"确定"按钮☑，如图5-21所示。

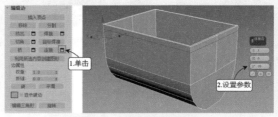

图5-21　执行"连接"命令

⑬ 选择部分多边形，在"编辑多边形"卷展栏启动"挤出设置"栏，设置挤出类型为"局部法线"、挤出"高度"为2，如图5-22所示。

图5-22　执行"挤出"命令

⑭ 选择底部多边形执行"挤出"命令，设置挤出"高度"为12，如图5-23所示。

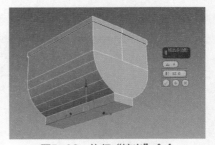

图5-23　执行"挤出"命令

⑮ 选择底部环形边执行"连接"命令，设置连接"滑块"为40，如图5-24所示。

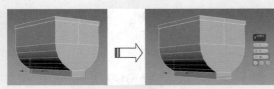

图5-24 执行"连接"命令

⑯ 选择两侧的多边形执行"挤出"命令,设置挤出"高度"为10,如图5-25所示。

⑰ 选择右侧局部多边形执行"挤出"命令,设置挤出"高度"为20,如图5-26所示。

图5-25 执行"挤出"   图5-26 执行"挤出"
命令("高度"为10)   命令("高度"为20)

⑱ 在"创建"面板的"标准基本体"选项中,单击"圆柱体"按钮,在视口中创建圆柱体,设置圆柱体"半径"为3、"高度"为60、"边数"为10,如图5-27所示。

图5-27 创建"圆柱体"

⑲ 选择模型对象,在"创建"面板的"复合对象"选项中,单击ProBoolean按钮,然后在"拾取布尔对象"卷展栏中单击"开始拾取"按钮,单击移除圆柱体对象,创建车厢连接处的孔洞,如图5-28所示。

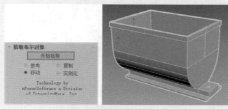

图5-28 拾取圆柱体

⑳ 在视口中创建"半径"为12、"高度"为12、"边数"为16的圆柱体对象,如图5-29所

示。将圆柱体转换为可编辑多边形,如图5-30所示。

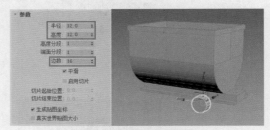

图5-29 创建"圆柱体"

图5-30 "转换为可编辑多边形"

㉑ 选择顶端多边形,在"编辑多边形"卷展栏启动"插入设置"栏,设置插入"数量"为2,如图5-31所示。

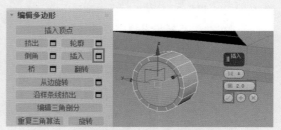

图5-31 执行"插入"命令

㉒ 执行"挤出"命令,设置挤出"高度"为-8,如图5-32所示。

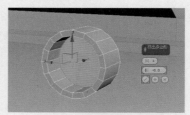

图5-32 执行"挤出"命令

㉓ 启动"倒角设置"栏,设置倒角"高度"为6、"轮廓"为-5,如图5-33所示。

㉔ 执行"连接"命令,设置连接边"滑块"为65,如图5-34所示。

图5-33 执行"倒角"命令

图5-34 执行"连接"命令

㉕ 选择边缘处的多边形,执行"挤出"命令,设置挤出"高度"为2.6,如图5-35所示。

㉖ 选择车轮背面的多边形,再次执行"挤出"命令,设置挤出"高度"为30,如图5-36所示。

图5-35 执行
"挤出"命令

图5-36 再次执行
"挤出"命令

㉗ 在"修改器列表"中选择添加"对称"修改器,在"参数"卷展栏设置"镜像轴"为Z轴,如图5-37所示。在"修改器堆栈"栏中激活"镜像"模式,沿X轴移动镜像轴,得到矿车另一边的车轮,如图5-38所示。

图5-37 添加"镜像"修改器

图5-38 调整"镜像轴"

㉘ 在左视图中按住Shift键沿X轴拖动车轮模型,在弹出的"克隆选项"窗口中选择"复制"选项,单击"确定"按钮,如图5-39所示。矿车模型最终效果如图5-40所示,渲染效果如图5-41所示。

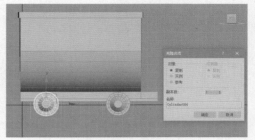

图5-39 克隆对象

图5-40 矿车模型最终效果

图5-41 矿车渲染效果

5.2 使用可编辑多边形

多边形建模作为当今的主流建模方式,已经被广泛应用到游戏角色、影视、工业造型、室内外等模型制作中。将物体转换为可编辑多边形对象后,就可以对可编辑多边形对象的顶点、边、边界、多边形和元素分别进行编辑。

5.2.1 子对象的选择 ☆重点☆

将对象转换为多边形后,需要再进行编辑操作,才能得到想要的模型。如图5-42所示为"可编辑多边形"修改器的参数设置面板，包括6个卷展栏，分别为"选择""软选择""编辑几何体""细分曲面""细分置换"以及"绘制变形"。

在"选择"卷展栏中单击"顶点"按钮 ⋮，"可编辑多边形"修改器的参数设置面板卷展栏会发生相应改变，增加"编辑顶点"和"顶点属性"卷展栏，方便对顶点进行编辑，如图5-43所示。

图5-42 参数设置面板　图5-43 单击"顶点"按钮

单击"边"按钮 ◁，面板会新增"编辑边"卷展栏，如图5-44所示。

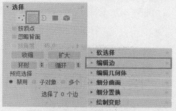

图5-44 单击"边"按钮

单击"多边形"按钮 ■，面板会新增4个卷展栏，分别是"编辑多边形"卷展栏、"多边形：材质ID"卷展栏、"多边形：平滑组"卷展栏和"多边形：顶点颜色"卷展栏，如图5-45所示。

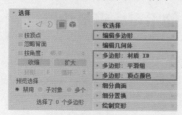

图5-45 单击"多边形"按钮

【练习5-2】：制作方形浴缸

01 启动3ds Max 2020软件，新建空白文件。

02 在"创建"面板的"几何体"下拉列表中选择"标准基本体"选项，选择"长方体"工具，然后在视口中拖动鼠标创建一个长方体，并在"参数"卷展栏中设置"长度"为160、"宽度"为80、"高度"为56，"长度分段"和"宽度分段"都为6、"高度分段"为3，如图5-46所示。

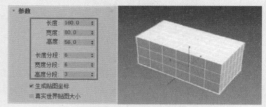

图5-46 创建"长方体"

03 在视口中右击，在弹出的"四元菜单"中将长方体"转换为可编辑多边形"，如图5-47所示。

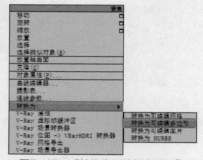

图5-47 "转换为可编辑多边形"

04 在"修改"面板的"修改器堆栈"栏中激活"顶点"模式，使用"选择移动"工具调整顶点位置，效果如图5-48所示。

图5-48 "选择移动"顶点

05 在"选择"卷展栏激活"多边形"模式，按住Ctrl键不放并单击，选择多个多边形，如图5-49所示。

06 在"编辑多边形"卷展栏启动"倒角设置"栏，设置倒角"高度"为-45、"轮廓"为-2，单击"确认"按钮 ⊘，如图5-50所示。

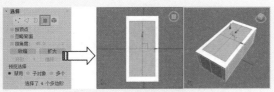

图5-49　选择"多边形"

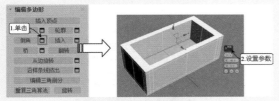

图5-50　执行"倒角"

⑦ 按快捷键2切换到"边"模式，选择一条内侧边，在"选择"卷展栏中单击"环形"按钮，如图5-51所示。

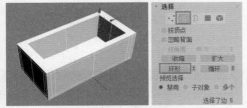

图5-51　选择环形边

⑧ 在"编辑边"卷展栏中启动"连接设置"栏，设置连接"分段"为2、连接边"收缩"为78，执行"连接"命令，如图5-52所示。

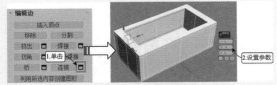

图5-52　添加连接边

⑨ 在"细分曲面"卷展栏下勾选"使用NURMS细分"复选框，设置显示"迭代次数"为3，如图5-53所示，方形浴缸模型的最终效果如图5-54所示，浴缸的渲染效果如图5-55所示。

图5-53　设置"细分曲面"

图5-54　方形浴缸模型效果

图5-55　浴缸渲染效果

5.2.2　多边形的子对象

1．顶点子对象

在"选择"卷展栏中单击"顶点"按钮，进入"顶点"级别后在修改面板中会新增一个名称为"编辑顶点"的卷展栏，如图5-56所示。

图5-56　"编辑顶点"卷展栏

其重要参数含义介绍如下。

➢ 移除：移除被选中的一个或多个顶点。选中待移除的顶点，单击"移除"按钮可完成移除顶点的操作，其操作结果是移除了顶点，保留了面，如图5-57所示；选中待删除的顶点，按Delete键，可将顶点以及连接到顶点的面删除，结果如图5-58所示。

图5-57　移除顶点

图5-58　删除顶点

➢ 断开：在与选定顶点相连的每个多边形上都创建一个新顶点，使多边形的转角相互分开，不再相连于原来的顶点上，如图5-59所示。

➢ 挤出：将选中的顶点在视图中挤出，如图5-60所示。单击右边的"设置"按钮，在弹出的"挤出顶点"对话框中可以设定顶点挤出的高度和宽度，如图5-61所示。

图5-59　断开顶点

图5-60　挤出顶点　　图5-61　设置挤出参数

> 焊接：将在"焊接阈值"范围内连续选中的顶点进行合并，合并后所有的面将与产生的单个顶点连接。单击右边的"设置"按钮⬛，在弹出的"焊接顶点"对话框中可定义"焊接阈值"参数，如图5-62所示。

图5-62　焊接

> 切角：将选中的顶点制作切角效果，如图5-63所示。单击"设置"按钮⬛，在弹出的"切角"对话框中可以设置切角值，如图5-64所示。

图5-63　切角效果　　图5-64　设置切角参数

> 目标焊接：可以选择一个顶点，并焊接到相邻目标顶点，如图5-65所示。

图5-65　焊接结果

> 连接：在两个顶点之间创建新的边，如图5-66所示。

图5-66　连接结果

> 移除孤立顶点：删除不属于任何多边形的全部顶点。
> 移除未使用的贴图顶点：删除建模后留下的未

使用的贴图顶点。

> 权重：定义选定顶点的权重，在"NURMS细分"选项和"网格平滑"修改器中使用。

2. 边子对象

"编辑边"卷展栏如图5-67所示，可以对多边形的边进行编辑，其中各选项含义如下。

图5-67　"编辑边"卷展栏

> 插入顶点：在边上可以添加顶点，结果如图5-68所示。

图5-68　插入顶点

> 移除：将选定边移除，但保留面，如图5-69所示。按Delete键，可删除边及与边相连接的面，如图5-70所示。

图5-69　移除边

图5-70　删除边

> 分割：可沿着选定的边来分割网格。在对网格中心的单条边使用该工具时，不会起任何作用。
> 挤出：选择待挤出的边，单击该按钮，可将边按一定的高度或宽度挤出，如图5-71所示。单

3ds Max+VRay动画及效果图制作从新手到高手

击"设置"按钮 ▣，在弹出的"挤出边"对话框中可设置挤出的高度或宽度。

图5-71 挤出效果

➢ 切角：可制作切角效果，如图5-72所示，在"切角"对话框中可对"切角量"参数进行设置。

图5-72 切角效果

➢ 桥：可连接边界边，即只在一侧有多边形的边。

➢ 连接：选择一对平行的边，可在垂直方向上生成新的边，如图5-73所示，选择垂直方向上的边，也可生成水平方向的新边。

图5-73 连接效果

➢ 利用所选内容创建图形：选择所要创建图形的边，系统将弹出如图5-74所示的"创建图形"对话框，选择"平滑"选项，则会生成如图5-75所示的图形；选择"线性"选项，则生成的样条线形状与选定的边形状一致，如图5-76所示。

图5-74 创建图形对话框

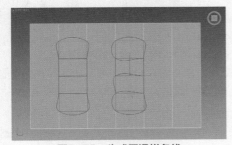

图5-75 生成平滑样条线

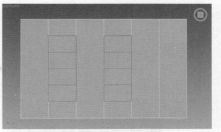

图5-76 生成线性样条线

➢ 拆缝：设置对选定边或边执行的拆缝操作量，在"NURMS细分"选项和"网格平滑"修改器中使用。

➢ 硬/平滑：单击该按钮，设置所选边的属性。

➢ 显示硬边：勾选该复选框，将高亮显示图形的硬边。

➢ 编辑三角形：可用来修改绘制内边或对角线时多边形细分为三角形的方式。使用该工具进行编辑时，对角线在线框和边面视图中显示为虚线。

3. 面子对象

"编辑多边形"卷展栏如图5-77所示，可以对多边形进行编辑，其中各参数含义如下。

图5-77 "编辑多边形"卷展栏

➢ 插入顶点：在多边形上单击，即可完成插入顶点的操作，结果如图5-78所示。

图5-78 插入顶点

➢ 挤出：直接在视口中操纵时，可以执行手动挤出操作。单击此按钮，然后垂直拖动任意多边形，即可将其挤出。当数值为正值时，挤出效果如图5-79所示；当数值为负值时，挤出效果如图5-80所示。

图5-79　挤出厚度为正值

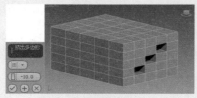

图5-80　挤出厚度为负值

➢ 轮廓：增加或减少每组连续的选定多边形的外边。

➢ 倒角：可挤出多边形的面，并为面制作倒角效果，如图5-81所示。

图5-81　倒角效果

➢ 插入：可将选中的面向内执行没有高度的倒角，如图5-82所示。

图5-82　插入效果

➢ 桥：可连接对象上的两个多边形或多边形组。

➢ 翻转：翻转选中多边形的法线方向，以使其面向用户的正面，如图5-83所示。

图5-83　翻转

➢ 从边旋转：选中多边形，可沿着垂直方向拖动任意边，以旋转选中的多边形。

➢ 沿样条线挤出：可沿着样条线挤出当前选定的多边形。

➢ 编辑三角剖分：可通过绘制内边修改多边形细分为三角形的方式。

➢ 重复三角形算法：可在当前选定的一个或多个多边形上执行最佳三角剖分。

➢ 旋转：用于通过单击对角线修改多边形细分为三角形的方式，如图5-84所示。

图5-84　旋转

【练习5-3】：创建伞棚

01 启动3ds Max 2020软件，新建空白文件。

02 在"创建"面板的"几何体"下拉列表中选择"扩展基本体"选项，选择"切角圆柱体"工具，如图5-85所示。

图5-85　选择"切角圆柱体"工具

03 在视口中拖动鼠标创建一个切角圆柱体，并在"参数"卷展栏中设置"半径"为60、"高度"为8、"圆角"为0，"高度分段"为2、"圆角分段"为1、"边数"为8、"端面分段"为1，如图5-86所示。

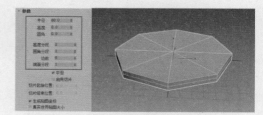

图5-86　创建"切角圆柱体"

04 在视口中右击，在弹出的"四元菜单"下执行"转换为可编辑多边形"命令，如图5-87所示。

05 切换到"修改"面板，激活"多边形"模式，选择模型底部的面，按Delete键将其删除，如图5-88所示。

3ds Max+VRay动画及效果图制作从新手到高手

图5-87　"转换为可编辑多边形"

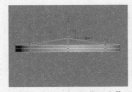

图5-88　删除多边形

06 按快捷键1激活"顶点"模式，选择中心位置的顶点，沿Z轴向上移动，效果如图5-89所示。

07 按快捷键2切换到"边"模式，选择顶部的边，如图5-90所示。

　　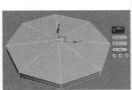

图5-89　移动"顶点"　　图5-90　选择"边"

08 在"编辑边"卷展栏中，启动"连接设置"栏，设置连接边"分段"为1、"滑块"为−90，如图5-91所示。

图5-91　添加"连接边"

09 选择中心位置的顶点，按Delete键删除，如图5-92所示。

图5-92　删除"顶点"

10 选择对象侧面的"循环边"，沿Z轴向上移动循环边，再选择纵向的"环形边"，启动"挤出设置"栏，设置挤出边"高度"为1.5、"宽度"为0.8，如图5-93所示。

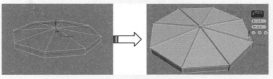

图5-93　挤出"环形边"

11 选择侧面的部分边，按Delete键将其删除，效果如图5-94所示。

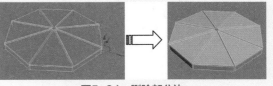

图5-94　删除部分边

12 选择伞棚顶面的"环形边"，启动"连接设置"栏，设置连接边"分段"为1，如图5-95所示。

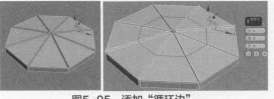

图5-95　添加"循环边"

13 沿Z轴向上移动新添加的"循环边"，使伞棚曲面形状更加自然，如图5-96所示。

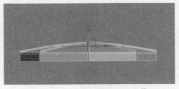

图5-96　移动"循环边"

14 选择伞棚顶部的"环形边"，启动"连接设置"栏，设置连接边"滑块"为−90，增加网格分段，在添加了平滑效果后更好地固定模型转折的形状，如图5-97所示。

图5-97　添加"循环边"

⑮ 继续创建伞骨部分，选择伞棚顶面的部分边，如图5-98所示。

图5-98　选择"边"

⑯ 在"编辑边"卷展栏中单击"利用所选内容创建图形"按钮，在弹出的"创建图形"对话框中选择图形类型为"线性"，如图5-99所示。

图5-99　"利用所选内容创建图形"

⑰ 选择新创建的图形样条线，在"渲染"卷展栏中勾选"在渲染中启用"和"在视口中启用"复选框，设置径向"厚度"为1、"边"为8、"角度"为0，然后沿Z轴向下移动样条线，完成部分伞骨的创建，如图5-100所示。

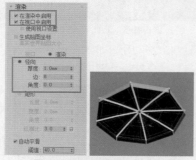

图5-100　设置"样条线"

⑱ 再次选择伞棚上的部分边，并单击"利用所选内容创建图形"按钮，在弹出的"创建图形"对话框中选择图形类型为"线性"，如图5-101所示。

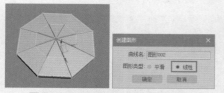

图5-101　利用所选内容创建图形

⑲ 选择图形样条线，将样条线转换为可编辑多边形，效果如图5-102所示。

⑳ 激活"顶点"模式，选择中心位置的顶点，沿Z轴向下移动，效果如图5-103所示。

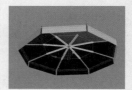

图5-102　设置"样条线"

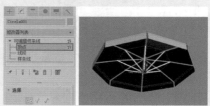

图5-103　创建伞骨结构

㉑ 选择伞棚的顶部组件，执行"组"命令，设置组名为"伞顶"，如图5-104所示。

图5-104　执行"组"命令

㉒ 在移动变换参数栏设置Z轴参数为100，向上移动伞棚位置，如图5-105所示。

图5-105　设置Z轴变换参数

㉓ 新建一个"半径"为1.2、"高度"为110、"高度分段"和"端面分段"都为1、"边数"为20的圆柱体，然后按快捷键W激活"选择并移动"工具，设置X/Y/Z轴的移动变换参数都为0，如图5-106所示。

㉔ 将圆柱体转换为可编辑多边形，选择纵向的"环形边"，如图5-107所示，启动"连接设

置"栏，设置连接边"分段"为1、"滑块"为65，如图5-108所示。

图5-106　创建"圆柱体"

图5-107　选择"环形边"　图5-108　添加"循环边"

㉕ 按快捷键4激活"多边形"模式，选择支撑杆下方的部分多边形，启动"挤出设置"栏，设置挤出类型为"局部法线"、挤出"高度"为0.8，如图5-109所示。

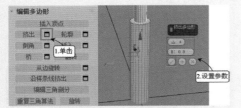

图5-109　挤出"多边形"

㉖ 选择转折处的循环边，启动"切角设置"栏，设置"边切角量"为0.15，"连接边分段"为1，如图5-110所示。

图5-110　执行"切角"工具

㉗ 再次选择部分环形边，启动"连接设置"栏，设置"滑块"为-53，如图5-111所示。

㉘ 切换到"多边形"模式，选择支撑杆侧面的部分多边形，启动"挤出设置"栏，设置挤出"高度"为0.6，如图5-112所示。

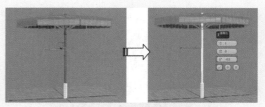

图5-111　添加"循环边"

图5-112　挤出"多边形"

㉙ 继续使用"连接"工具，添加新的循环边，如图5-113所示。选择伞骨与支撑杆衔接处的多边形，启动"挤出设置"栏，设置挤出"高度"为2.5，如图5-114所示。

图5-113　添加"循环边"

图5-114　挤出"多边形"

㉚ 选择顶部的环形边，启动"连接设置"栏，设置连接边"分段"为2、"收缩"为32、"滑块"为0，如图5-115所示。选择中间的多边形，启动"挤出设置"栏，设置挤出"高度"为-0.8，如图5-116所示。

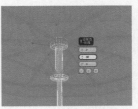

图5-115　选择"环形边"

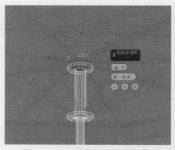

图5-116 挤出"多边形"

㉛ 伞棚模型的最终效果如图5-117所示。

图5-117 伞棚模型的最终效果

5.2.3 编辑几何体卷展栏 ☆重点☆

本节讲解部分常用的公共参数，包括"选择""软选择""编辑几何体"等卷展栏，如图5-118所示。

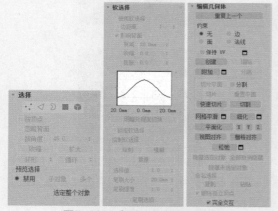

图5-118 部分公共参数卷展栏

1. "选择"卷展栏

该卷展栏中的工具和选项可以用来访问多边形的子对象级别以及快速选择子对象。

➤ 顶点 ：访问"顶点"子对象层级，可从中选择光标下的顶点，区域选择将选择区域中的顶点，如图5-119所示。

➤ 边 ：访问"边"子对象层级，可从中选择光标下的多边形的边，区域选择将选择区域中的多条边，如图5-120所示。

未选择顶点　　　　　选择部分顶点

图5-119 顶点

未选择边　　　　　选择部分边

图5-120 边

➤ 边界 ：访问"边界"子对象层级，可从中选择构成网格中孔洞边框的一系列边。边界只由相连的边组成，只有一侧的边上有面，且边界总是构成完整的环形。"边"与"边界"子对象层级兼容，所以可在二者之间切换，将保留所有现有选择。

➤ 多边形 ：访问"多边形"子对象层级，可从中选择光标下的多边形，区域选择将选中区域中的多个多边形，如图5-121所示。

未选择多边形　　　　　选择部分多边形

图5-121 多边形

➤ 元素 ：访问"元素"子对象层级，可从中选择对象中所有相邻的多边形，区域选择用于选择多个元素，如图5-122所示。"多边形"与"元素"子对象层级兼容，可在二者之间切换，并保留所有现有选择。

选择"壶盖"对象　　　　　选择"壶体"对象

图5-122 元素

3ds Max+VRay动画及效果图制作从新手到高手

➤ 按顶点：勾选该复选框后，只有通过选择所用的顶点，才能选择子对象。单击顶点时，将选择使用该选定顶点的所有子对象。

➤ 忽略背面：勾选该复选框后，选择子对象将只影响朝向用户的那些对象。"显示"面板中的"背面消隐"设置的状态不影响子对象选择，所以如果取消勾选"忽略背面"复选框，即使看不到仍然可以选择子对象。

➤ 按角度：勾选该复选框后，选择一个多边形也会基于复选框右侧的数字"角度"设置选择相邻多边形。该值可以确定要选择的邻近多边形之间的最大角度，仅在"多边形"子对象层级可用。

➤ 收缩：通过取消选择最外部的子对象缩小子对象的选择区域。

➤ 扩大：朝所有可用方向外侧扩展选择区域。

➤ 光环：通过选择所有平行于选中边的边来扩展边选择。环形只应用于边和边界选择，可以快速选择环形边，方法是选择一条边，然后在按下Shift键的同时单击同一环形中的另一条边。

➤ 环形：调节"环形"按钮旁边的微调器可以在任意方向将选择移动到相同环上的其他边，即相邻的平行边。如果选择了循环，则可以使用该功能选择相邻的循环。只适用于"边"和"边界"子对象层级，如图5-123所示。

图5-123　环形

➤ 循环：在与所选边对齐的同时，尽可能远地扩展边选定范围。调节"循环"按钮旁边的微调器可以在任意方向将选择移动到相同循环中的其他边，即相邻的对齐边。如果选择了环形，则可以使用该功能选择相邻的环形。只适用于"边"和"边界"子对象层级，如图5-124所示。

图5-124　循环

➤ 预览选择：提交到子对象选择之前，该选项允许预览。根据鼠标的位置，可以在当前子对象层级预览，或者自动切换子对象层级，可选择的行为类型如下。

◆ a.禁用：关闭预览不可用。

◆ b.子对象：仅在当前子对象层级启用预览。

◆ c.多个：根据鼠标的位置，可以在"顶点""边"和"多边形"子对象层级级别之间游离。

➤ 选择信息："选择"卷展栏底部是一个文本显示，提供有关当前选择的信息。如果没有子对象被选中，或者选中了所有子对象，那么该文本会显示出选择的数目和类型。

2. "软选择"卷展栏

通过调整"衰减""收缩""膨胀"的参数来控制所选子对象区域的大小以及对子对象控制力的强弱，此外还可设置绘制软选择的参数。

➤ 使用软选择：在可编辑对象或"编辑"修改器的子对象层级上影响"移动""旋转"和"缩放"功能的操作，如图5-125所示。

图5-125　勾选"使用软选择"复选框

➤ 边距离：将软选择限制到指定的面数，该选择在进行选择的区域和软选择的最大范围之间。影响区域根据"边距离"空间沿着曲面进行测量，而不是真实空间。

➤ 影响背面：那些法线方向与选定子对象平均法线方向相反的、取消选择的面就会受到软选择的影响。在编辑样条线时"影响背面"不可用。

➤ 衰减：用以定义影响区域的距离，是用当前单位表示的从中心到球体的边的距离。使用越高的衰减设置，就可以实现更平缓的斜坡，具体情况取决于几何体比例，默认设置为20，如图5-126所示。

设置衰减为50　　　设置衰减为30

图5-126　衰减

> **提示**

　　用"衰减"设置指定的区域在视口中用图形的方式进行了描述，所采用的图形方式与顶点或边（或者用可编辑的多边形和面片，也可以是面）的颜色渐变相类似。渐变的范围为从选择颜色（通常是红色）到未选择的子对象颜色（通常是蓝色）。另外，在更改"衰减"设置时，渐变会实时地进行更新。如果启用了边距离，"边距离"设置就限制了最大的衰减量。

- 收缩：沿着垂直轴提高并降低曲线的顶点。
- 膨胀：沿着垂直轴展开和收缩曲线。
- 明暗处理面切换：显示颜色渐变，与软选择范围内面上的软选择权重相对应，只有在编辑面片和多边形对象时才可用。如果禁用了可编辑多边形或可编辑面片对象的顶点颜色显示属性，单击"着色面切换"按钮将会启用"软选择颜色"着色。如果对象已经有了活动的"顶点颜色"设置，单击"着色面切换"将会覆盖上一个设置并将其更改成"软选择颜色"。如果不想更改顶点颜色着色属性，可以使用"撤销"命令。
- 锁定软选择：以防止对按程序的选择进行更改。
- 绘制：在使用当前设置的活动对象上绘制软选择。
- 模糊：通过绘制来软化现有绘制软选择的轮廓。
- 复原：通过绘制的方式来还原软选择。
- 选择值：其中的参数值表示绘制的或者还原的软选择的最大相对选择，而笔刷半径内周围顶点的值会趋向于0衰减。
- 笔刷大小：定义圆形笔刷的半径。
- 笔刷强度：定义绘制子对象的速率。
- 笔刷选项：系统弹出"绘制选项"对话框，在其中可以设置笔刷的其他属性，如图5-127所示。

3. "编辑几何体"卷展栏

　　该卷展栏中各选项主要用来全局修改多边形几何体，适用于所有的子对象级别。

- 重复上一个：重复调用上一次所调用的命令。
- 创建：创建新的几何体，如图5-128所示。

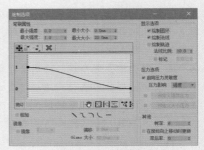

图5-127　笔刷选项

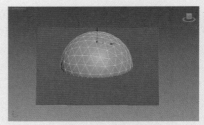

图5-128　创建几何体

- 塌陷：将顶点与选择中心的顶点焊接，以使连续选定子对象的组产生塌陷，如图5-129所示。

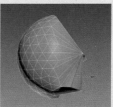

图5-129　塌陷

- 附加：将其他对象附加到选定的可编辑多边形中，如图5-130所示。

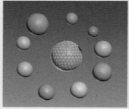

图5-130　附加对象

- 分离：将选定的子对象作为单独的对象或者元素分离出来，如图5-131所示。

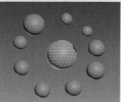

图5-131　分离

- 切片平面：沿某一平面分开网格对象。
- 分割：通过"快速切片"工具和"切割"工具在划分边的位置处创建出两个顶点集合。
- 切片：在切片平面位置处执行切割操作。
- 重置平面：执行过"切片"的平面恢复至之前的状态。
- 快速切片：将对象进行快速切片。切片线沿着对象表面，可更准确地进行切片，如图5-132所示。

图5-132　快速切片

- 切割：在一个或多个多边形上创建出新的边。
- 网格平滑：可使选定的对象产生平滑的效果，如图5-133所示。

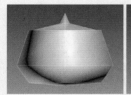

图5-133　平滑

- 细化：增加局部网格的密度，方便处理对象的细节。
- 平面化：强制所有选定的子对象称为共面。
- 视图对齐：使对象中所有顶点与活动视图所在的平面对齐。
- 栅格对齐：使选定对象中的所有顶点与活动视图所在的平面对齐。
- 松弛：当前选中的对象产生松弛现象。

【练习5-4】：创建咖啡杯模型

01 启动3ds Max 2020软件，新建空白文件。

02 在"创建"面板的"几何体"下拉列表中选择"标准基本体"选项，单击"圆柱体"按钮，然后在视口中拖动鼠标创建一个圆柱体，并在"参数"卷展栏中设置"半径"和"高度"为

30、"高度分段"和"端面分段"为1、"边数"为24，如图5-134所示。

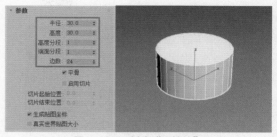

图5-134　创建"圆柱体"

03 在视口中右击打开"四元菜单"，将圆柱体"转换为可编辑多边形"，如图5-135所示。

图5-135　"转换为可编辑多边形"

04 在"修改"面板的"修改器堆栈"栏中激活"多边形"模式，单击选择模型顶部的多边形，如图5-136所示。

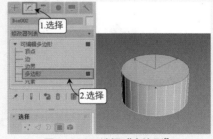

图5-136　选择"多边形"

05 在"编辑多边形"卷展栏中启动"插入设置"栏，设置插入"数量"为4，单击"确认"按钮，如图5-137所示。

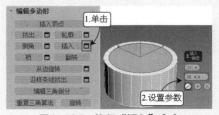

图5-137　执行"插入"命令

06 继续启动"挤出设置"栏，设置挤出"高度"为−26，执行"挤出"命令，如图5−138所示。

图5−138 执行"挤出"命令

07 选择底部多边形，启动"倒角设置"栏，设置倒角"高度"为5、"轮廓"为−8，执行"倒角"命令，如图5−139所示。

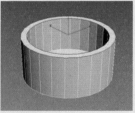

图5−139 执行"倒角"命令

08 在"选择"卷展栏中激活"边"模式，选择顶部边缘处的边，使用"循环"工具选择循环边，如图5−140所示。

图5−140 选择"循环边"

09 在"编辑边"卷展栏中启动"切角设置"栏，设置"边切角量"为1.2、"连接边分段"为1，执行"切角"命令，如图5−141所示。

图5−141 执行"切角"命令

10 切换到"创建"面板，在"标准基本体"类型中选择"长方体"工具，在视口中创建"长度"为25、"宽度"为28、"高度"为5的长方体对象，如图5−142所示。

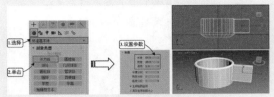

图5−142 创建"长方体"

11 在视口中右击打开"四元菜单"，将长方体转换为可编辑多边形，如图5−143所示。切换到"修改"面板，激活"边"模式，按住Ctrl键选择把手边缘的边，如图5−144所示。

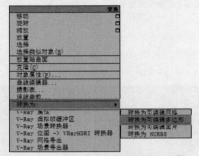

图5−143 "转换为可编辑多边形"

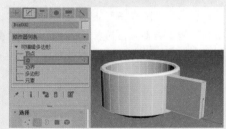

图5−144 选择"边"

12 在"编辑边"卷展栏中启动"切角设置"栏，设置"边切角量"为12、"连接边分段"为6，执行"切角"命令，如图5−145所示。

图5−145 执行"切角"命令

13 在"创建"面板中启动"圆柱体"工具，在把手的中心位置创建"半径"为8、"高度"为20、"边数"为24的圆柱体，圆柱体与把手的位置关系如图5−146所示。

图5-146 创建"圆柱体"

⑭ 选择把手对象，在"几何体"下拉列表中选择"复合对象"选项，单击"ProBoolean"按钮，如图5-147所示。

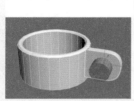

图5-147 单击"ProBoolean"按钮

⑮ 在"拾取布尔对象"卷展栏中激活"开始拾取"工具，选择拾取模式为"移动"，单击移除圆柱体，如图5-148所示。

图5-148 拾取"布尔对象"

⑯ 咖啡杯的最终效果如图5-149所示。

图5-149 咖啡杯最终效果

知识拓展

"修改"面板是3ds Max软件很重要的一个组成部分，而修改器堆栈则是"修改"面板的核心。

所谓修改器建模，即是对模型进行编辑，改变其几何形状和属性的建模过程。

修改器对于创建一些特殊形状的模型具有无可比拟的优势，因此在使用多边形建模等建模方法很难达到模型要求时，不妨采用修改器进行制作。

拓展训练

运用本章所学的知识，用多边形建模的方式制作创意杯子，尺寸可以任意，效果如图5-150所示。

图5-150 拓展训练1——制作创意杯子

运用本章所学的知识，用多边形建模的方式制作双人床，尺寸可以任意，效果如图5-151所示。

图5-151 拓展训练2——制作简约双人床

第5章 高级建模工具

渲染篇

第6章
材质与贴图的技术

　　材质是模型质感和效果是否完美的关键所在。在真实世界中，由于石块、模板、玻璃等物体表面的纹理、透明性、光滑、反光性能等各不相同，才能在人们眼中呈现出丰富多彩的、不同质感的物体。因此，只有模型是不够的，还需为模型赋予材质，模型才会变得更加逼真，效果图看上去才更加真实可信。

学 习 重 点

➤ 3ds Max系统内置的材质编辑器　　　➤ 常用材质类型　　　➤ 使用贴图的方法

6.1 熟悉材质编辑器

　　3ds Max 2020内置的材质编辑器具有2种模式，Slate材质编辑器和精简材质编辑器。

6.1.1 材质编辑器界面类型

　　在软件界面的主工具栏中单击"材质编辑器"按钮，如图6-1所示，3ds Max 2020默认打开Slate（板岩）材质编辑器。长按"材质编辑器"图标，会展开两个不同的材质编辑器模式按钮，包含"精简材质编辑器"按钮和"Slate材质编辑器"按钮，如图6-2所示。单击其中任意一个按钮，即可切换到相应的材质编辑器界面。

图6-1　单击"材质编辑器"按钮

图6-2　显示两个按钮

　　如图6-3所示为"精简材质编辑器"界面，如图6-4所示为"Slate材质编辑器"界面。通常，后者在设计材质时功能更强大，而前者在只需应用已设计好的材质时更方便。

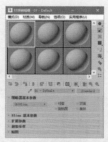

图6-3　"精简材质编辑器"界面

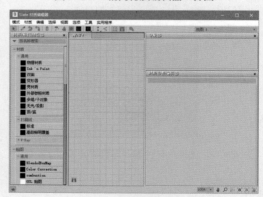

图6-4　"Slate材质编辑器"界面

6.1.2 材质编辑器界面介绍

　　"精简材质编辑器"界面由顶部的菜单栏、菜单栏下面的示例窗（球体）和示例窗底部和侧面的工具栏组成，此外还包括多个卷展栏，其内容取决于活动的材质（单击材质的示例窗可使其处于活动状态）。

　　"Slate材质编辑器"界面是具有多个元素的图

形界面。最突出的特点是材质/贴图浏览器，可以在其中浏览材质、贴图以及基础材质和贴图类型；活动视图，可以在其中组合材质和贴图，通过将贴图或控制器与材质组件关联来构造材质树；参数编辑器，可以在其中更改材质和贴图设置。

6.1.3　编辑器工具

在如图6-4所示的"Slate材质编辑器"界面左上方，可见一排工具按钮图标，如图6-5所示，即为编辑器工具，通过这些工具可以对材质进行编辑处理。

图6-5　编辑器工具

1．选择工具

激活"选择"工具。除非用户已选择一种典型导航工具（例如"缩放"或"平移"），否则"选择"工具始终处于活动状态。在键盘上按快捷键S即可执行该工具命令。

2．从对象拾取材质

单击此按钮后，3ds Max会显示滴管光标。单击视口中的一个对象，以在当前"视图"中显示出其材质。可以通过执行菜单栏中的"材质"→"从对象选取"命令进行调用。

3．将材质放入场景

仅当用户具有与应用到对象的材质同名的材质副本，且用户已编辑该副本以更改材质的属性时，该选项才可用。选择该工具会更新应用了旧材质的对象。

4．将材质指定给选定对象

将当前材质指定给当前选择中的所有对象，可以通过以下方式执行。

➢ 键盘快捷键：A。
➢ 菜单栏："材质"→"将材质指定给选定对象"。

5．删除选定项

在活动"视图"中，删除选定的节点或连线，可以通过以下方式执行。

➢ 键盘快捷键：删除。
➢ 菜单栏："编辑"→"删除选定对象"。

6．移动子对象

启用此选项时，移动父节点会移动与之相随的子节点。禁用此选项时，移动父节点不会更改子节点的位置。默认设置为禁用状态，可以通过以下方式执行。

➢ 键盘快捷键：Alt+C。
➢ 临时快捷方式：按下组合键Ctrl+Alt并拖动将移动节点及其子节点，但不启用"移动子对象"切换。
➢ 菜单栏："选项"→"移动子对象"。

7．隐藏未使用的节点示例窗

对于选定的节点，在节点打开时切换未使用的示例窗的显示。启用后，未使用的节点示例窗将会隐藏起来。默认设置为禁用状态，可以通过以下方式执行。

➢ 键盘快捷键：H。
➢ 菜单栏："视图"→"隐藏未使用的节点示例窗"。

8．在视口中显示贴图

此按钮是一个弹出按钮，用于在视口中显示贴图，该按钮具有下列3种可能的状态。

➢ 在视口中显示明暗处理的贴图[禁用]：使用3ds Max软件显示并禁用活动材质的所有贴图的视口显示。
➢ 在视口中显示明暗处理的贴图[启用]：使用3ds Max软件显示并启用活动材质的所有贴图的视口显示。
➢ 在视口中显示真实贴图[启用]：使用硬件显示并启用活动材质的所有贴图的视口显示。

对于旧版本视口驱动程序（非Nitrous），如果在单击此按钮时贴图节点处于活动状态，且该贴图指定给了多个材质（或同一材质中的多个组件），则"Slate材质编辑器"会打开一个弹出菜单，用户可以选择在视口中显示或隐藏其贴图的材质。

9．在预览中显示背景

仅当选定了单个材质节点时才启用此按钮。启用此按钮将向该材质的"预览"窗口添加多颜色的方格背景，如图6-6所示。如果要查看不透明度和透明度的效果，该图案背景很有帮助。

启用背景　　　　　禁用背景

图6-6　背景的启用与禁用

10．材质ID通道

此按钮是一个弹出按钮，用于选择"材质ID"值，如图6-7所示。

图6-7 材质ID通道

默认值零（0）表示未指定材质ID通道。范围从1~15的值表示将使用此通道ID的渲染效果或将Video Post效果应用于该材质。

（也可以从材质或贴图节点的右键菜单中选择"材质ID"值）。

11. "布局"弹出按钮

单击该弹出按钮可以在活动视图中选择自动布局的方向，可通过以下方式执行。

➢ 键盘快捷键：L（方向取决于在此弹出按钮上处于活动状态的按钮）。

➢ 菜单栏："视图"→"布局全部"（菜单栏所使用的方向取决于在此弹出按钮上处于活动状态的按钮）。

该按钮下提供2种布局方式，长按即可展开下拉选项进行更改，分别介绍如下。

➢ 布局全部 - 垂直：（默认设置）单击此选项将以垂直模式自动布置所有节点。

➢ 布局全部 - 水平：单击此选项将以水平模式自动布置所有节点。

12. 布局子对象

自动布置当前所选节点的子节点，此操作不会更改父节点的位置，可通过以下方式执行。

➢ 键盘快捷键：C。

➢ 菜单栏："视图"→"布局子对象"。

13. 材质/贴图浏览器

切换"材质/贴图浏览器"对话框的显示，默认设置为启用状态，可通过以下方式执行。

➢ 键盘快捷键：O。

➢ 菜单栏："工具"→"材质/贴图浏览器"。

14. 参数编辑器

切换"参数编辑器"的显示，默认设置为启用状态，可通过以下方式执行。

➢ 键盘快捷键：P。

➢ 菜单栏："工具"→"参数编辑器"。

15. 按材质选择

仅当为场景中使用的材质选择了单个材质节点时，该按钮才处于启用状态。

使用"按材质选择"工具可以基于"材质编辑器"中的活动材质选择对象。选择此命令将

打开"选择对象"对话框，类似于使用"从场景选择"。所有应用选定材质的对象在列表中高亮显示。

> **提示**
>
> 该列表中不显示隐藏的对象，即使已应用材质。但是，在材质/贴图浏览器中，可以选择"从场景中进行浏览"，启用"按对象"然后从场景中进行浏览。该表在场景中列出所有对象（隐藏的和未隐藏的）和其指定的材质。

6.1.4 使用新的节点形式来编辑材质

要设置材质组件的贴图，需要将一个贴图节点关联到该组件窗口的输入套接字。方法为，从贴图套接字拖动到材质套接字或从材质套接字拖动到贴图套接字。

组合贴图有多种方式，因此视图中显示的贴图树可以采取多种形式，如图6-8和图6-9所示。

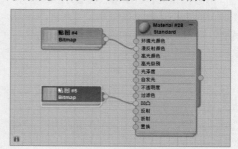

图6-8 组合贴图1

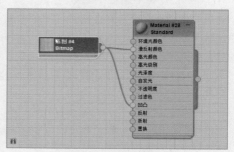

图6-9 组合贴图2

➢ 图6-8表示一种材质，其中一个贴图用于漫反射颜色，另一个贴图用作凹凸贴图。

➢ 图6-9表示一种具有一个贴图的材质，该贴图同时用作漫反射颜色和凹凸贴图。

一些贴图可以组合其他贴图，并且某些材质可以组合子材质，因此材质树可以具有两个以上的级别，如图6-10所示。

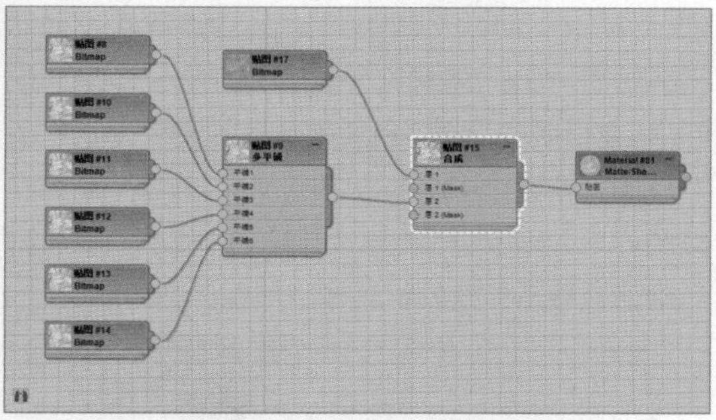

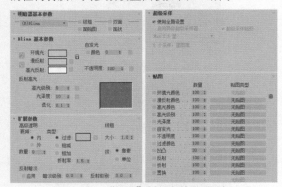

图6-10　一个使用多维/子贴图和合成贴图的4级树。

6.2　常用材质

　　材质将使场景更具有真实感，材质详细描述对象如何反射或透射灯光。可以将材质指定给单独的对象，在单独场景也能够包含很多不同材质，而且不同的材质有不同的用途和效果。虽然3ds Max和V-Ray提供了很多种材质，但是并非每个材质都很常用，因此本节只针对实际工作中常用的材质类型进行详细讲解。

6.2.1　标准材质　☆难点☆

　　"标准"材质是3ds Max默认的材质，也是使用频率最高的材质之一，几乎可以模拟真实世界中的任何材质，其参数设置面板如图6-11所示。

图6-11　"标准"材质参数设置面板

下面以制作发光材质为例进行讲解。

【练习 6-1】：创建发光材质

01　打开素材文件"第6章\6-1创建发光材质.max"。

02　新建材质球。打开"Slate材质编辑器"界面，在界面左侧的"材质/贴图浏览器"对话框的"材质"卷展栏中双击"标准"选项，新建空白的标准材质球，如图6-12所示。

图6-12　新建"标准"材质

03　新建的空白材质球会在界面的"视图1"窗口中显示，如图6-13所示，双击材质球面板激活新建的材质球（激活的材质球边缘会出现白色蚂蚁线），材质球的各项参数属性会随即在"材质参数编辑器"中打开。

图6-13　激活材质球

04　设置漫反射颜色。"漫反射"颜色即为物体的固有色，在"材质参数编辑器"的"Blinn基本参数"卷展栏中单击"漫反射"后方的灰色色卡，即可打开"颜色选择器：漫反射颜色"对话框，如图6-14所示。将漫反射颜色设置为青色（RGB参考值为145、207、214），并单击"确定"按钮完成颜色修改。

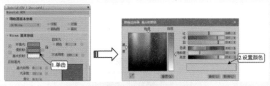

图6-14　设置漫反射颜色

05　设置自发光参数，将自发光参数设置为100，如图6-15所示。

06 设置完成后，如图6-16所示即为自发光材质的效果，在昏暗的环境当中也显得非常明亮。

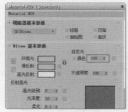

图6-15 设置"自发光"

图6-16 自发光材质效果展示

6.2.2 VRayMtl材质 ☆重点☆

将场景的渲染器设置为V-Ray，才可以使用V-Ray材质。在软件界面的主工具栏中单击"渲染设置"按钮 ⚙，打开"渲染设置"对话框，如图6-17所示。在对话框的顶部控件中选择"扫描线渲染器"选项，展开"渲染器"下拉列表，将渲染器指定为"V-Ray"，如图6-18所示。

图6-17 打开"渲染设置"   图6-18 指定渲染器
　　　　对话框

将场景的渲染器设置好之后，即可以使用V-Ray材质为物体赋予不同的材质效果。

【练习6-2】：创建塑料材质效果

01 启动3ds Max 2020，打开"第6章\6-2创建塑料材质.max"素材文件。

02 新建材质球。在"材质/贴图浏览器"对话框的"材质"卷展栏中双击"VRayMtl"选项，新建空白的V-Ray标准材质球，如图6-19所示。双击材质球面板激活新建的材质球，如图6-20所示。

图6-19 新建VRayMtl　　图6-20 激活材质球

03 重命名材质。在"Slate材质编辑器"界面的"材质参数编辑器"中，可以在材质名称栏中命名材质，如图6-21所示。

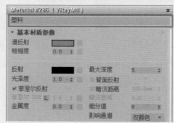

图6-21 重命名材质球

04 设置材质颜色。在"材质参数编辑器"的"基本材质参数"卷展栏中单击"漫反射"属性后方的色卡，如图6-22所示。

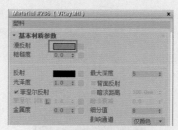

图6-22 打开漫反射颜色设置

05 之后在"颜色选择器：diffuse"对话框中设置需要的塑料颜色，并单击"确定"按钮完成颜色修改，如图6-23所示。

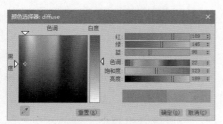

图6-23 设置塑料颜色

⑥ 添加反射贴图。在"反射"属性后方单击"贴图"按钮，如图6-24所示，打开"材质/贴图浏览器"对话框。

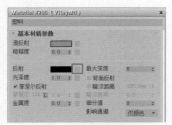

图6-24 启用反射贴图设置

⑦ 在"通用"贴图类型中找到"衰减"，或直接在搜索框中搜索关键词"衰减（英文版为falloff）"，选择"衰减"选项并单击"确定"按钮设置其为反射贴图，如图6-25所示。

图6-25 设置贴图类型

⑧ 在"视图1"中双击新增的"衰减"贴图面板打开贴图参数，如图6-26所示。

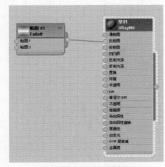

图6-26 激活贴图

⑨ 在"材质参数编辑器"的"衰减参数"卷展栏中单击白色色卡，打开"颜色选择器"对话框，如图6-27所示。

图6-27 打开颜色选择器

⑩ 反射强度由颜色明度决定，这里在"颜色选择器"中将衰减反射的最大值设置为60（全黑为0），并单击"确定"按钮完成设置，如图6-28所示。

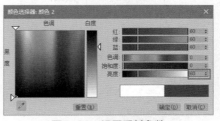

图6-28 设置反射参数

⑪ 设置反射参数，在"视图1"中双击材质球面板，如图6-29所示。

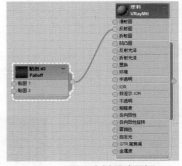

图6-29 双击材质球面板

⑫ 在"材质参数编辑器"的"基本参数"卷展栏中，取消勾选"菲涅耳反射"复选框，设置参数如图6-30所示。

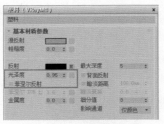

图6-30 设置反射参数

⓭ 设置细分。如果此时"基本参数"卷展栏中的"反射"的细分参数处于冻结状态，无法调整，如图6-31所示，就需要进行解冻。

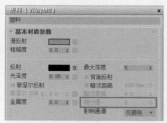
图6-31　查看细分参数

⓮ 要使细分参数解冻，可以打开"渲染设置"对话框，在V-Ray参数面板中展开"全局品控"卷展栏，并勾选"使用局部细分"复选框，如图6-32所示。

图6-32　勾选"使用局部细分"

⓯ 设置完成后，材质的细分参数就会如图6-33一样可以调整，具体参数根据场景的不同需求来进行设置。

⓰ 材质参数赋予到模型上的渲染效果如图6-34所示。

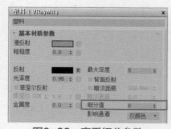
图6-33　查看细分参数

图6-34　塑料材质效果展示

【练习6-3】：创建皮革材质效果

⓵ 启动3ds Max 2020，打开"第6章\6-3创建皮革材质.max"素材文件。

⓶ 添加贴图。首先新建一个空白VRayMtl，然后以"位图"的贴图形式为材质球添加"漫反射贴图"和"凹凸贴图"，如图6-35所示，"凹凸贴图"可以是原始贴图（即与漫反射贴图相同），也可以是事先以原始图像计算处理得出的法线贴图，前者存在一定局限性，后者可以计算凹凸块上的镜面高光。

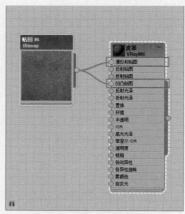
图6-35　设置BRDF

⓷ 设置反射。在"材质参数编辑器"中打开反射"颜色选择器"，并将"亮度"设置为55，如图6-36所示。

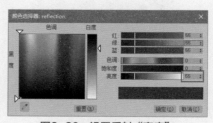
图6-36　设置反射"亮度"

⓸ 将"细分值"设置为12、"光泽度"设置为0.7，并取消勾选"菲涅耳反射"复选项，如图6-37所示。

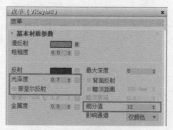
图6-37　设置反射参数

3ds Max+VRay动画及效果图制作从新手到高手

05 设置BRDF。展开"BRDF"卷展栏，将光照模型类型设置为"Blinn"，如图6-38所示。

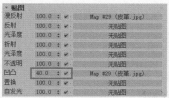

图6-38　设置BRDF

06 设置凹凸强度。凹凸贴图的凹凸强度可以在"贴图"卷展栏中对应的位置进行设置，具体的强度参数要根据不同的贴图进行调整，这里设置为40，如图6-39所示。

07 皮革材质参数在模型上的表现效果如图6-40所示。

图6-39　设置凹凸强度　　图6-40　皮革材质效果展示

【练习6-4】：创建木纹材质效果

01 启动3ds Max 2020，打开"第6章\6-4创建木纹材质.max"素材文件。

02 添加纹理贴图。如图6-41所示，首先新建一个空白VRayMtl，为材质球添加"漫反射图"和"凹凸图"，凹凸贴图主要是为了突出木材的质感。

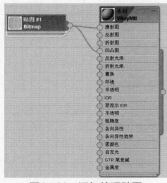

图6-41　添加纹理贴图

03 添加反射贴图。在"材质/贴图浏览器"对话框中新建"衰减"贴图，并关联到材质球上"反射图"的输入套接字上，如图6-42所示。

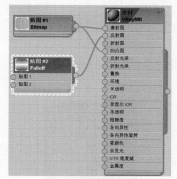

图6-42　添加反射贴图

04 设置反射贴图参数。打开"衰减"贴图的属性面板，并将颜色2（即白色，也就是反射颜色）的"亮度"设置为230，并在颜色中加入少量蓝色，如图6-43所示。之后将"衰减类型"设置为"Fresnel（菲涅耳）"，如图6-44所示。

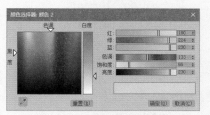

图6-43　设置反射"亮度"

图6-44　设置衰减类型

05 设置反射参数。打开材质球的属性面板，将"细分值"设置为12、"光泽度"设置为0.85，勾选"菲涅耳反射"复选框，如图6-45所示。

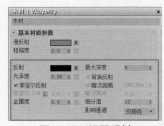

图6-45　设置反射

06 设置BRDF。将光照模型类型设置为"Blinn"，如图6-46所示。

图6-46　设置BRDF

07 木头材质参数在模型上的表现效果如图6-47所示。

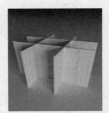

图6-47　木头材质效果展示

【练习6-5】：创建液态材质效果

01 启动3ds Max 2020，打开"第6章\6-5创建液态材质.max"素材文件。

02 添加反射贴图.新建一个空白VRayMtl，在"材质/贴图浏览器"对话框中新建"衰减"贴图，并关联到材质球的"反射图"，如图6-48所示。

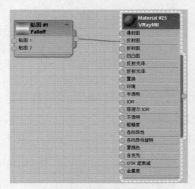

图6-48　添加反射贴图

03 添加纹理贴图。如图6-49所示，在"材质/贴图浏览器"对话框中找到"噪波"贴图类型。然后参照如图6-50所示将"噪波贴图"关联到材质球上"凹凸贴图"的输入套接字上。

04 设置噪波参数。将"噪波类型"设置为"分形"，并将"大小"设置为600，如图6-51所示，使水面产生波纹。

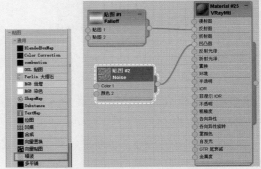

图6-49　新建　　　　　图6-50　关联"凹凸贴图"
"噪波"贴图

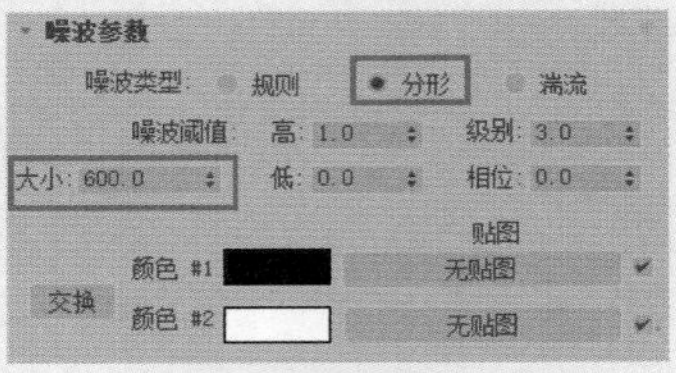

图6-51　设置噪波参数

05 设置反射和折射。设置反射的"细分值"为12、折射为全白、"细分值"为12、"IOR"为1.33，如图6-52所示。

图6-52　设置反射和折射

06 设置烟雾。在"雾颜色"中加入少量蓝色，并将"烟雾倍增"设置为0.01，如图6-53所示，从而改变水的颜色。

图6-53　设置烟雾

07 液态材质参数在玻璃容器中的表现效果如图6-54所示。

图6-54　液态材质效果展示

6.2.3　V-Ray灯光材质　☆重点☆

V-Ray灯光材质通常用于自发光表面，用来模拟室外场景的外景贴图材质也是自发光材质的一种，接下来的练习以制作外景贴图为例。

【练习6-6】：制作外景贴图

① 打开"第6章\6-6制作外景贴图.max"素材文件，初步渲染如图6-55所示，场景是带窗户的房间，并设有灯光。接下来，使用灯光材质为房间添加外景。

② 新建并设置灯光材质。在"材质/贴图浏览器"对话框中新建"灯光材质"，如图6-56所示。

图6-55　查看场景初始效果

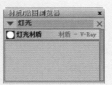

图6-56　新建"灯光材质"

③ 通过"位图"将外景贴图素材导入场景，并关联到灯光材质的"灯光颜色"贴图通道，如图6-57所示。

④ 在"材质参数编辑器"中将灯光材质颜色的倍增参数设置为2，该数值越大，材质亮度越高，如图6-58所示。

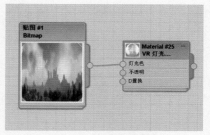

图6-57　设置灯光颜色

图6-58　设置颜色倍增参数

⑤ 灯光材质效果展示。将灯光材质赋予到房间窗户外侧设置的外景贴图模型上。如图6-59所示为灯光材质在该场景中的表现效果，可以看到灯光颜色（即贴图颜色）会反映到场景中。关闭场景中的所有灯光，可以看到灯光材质也具有将模型变成实际光源的作用，如图6-60所示。

图6-59　材质效果展示

图6-60　关闭场景灯光后的材质效果展示

6.2.4　多维/子对象材质

多维/子对象材质可以根据模型上的材质ID来分配不同的材质，以实现同一模型多种材质的效果，例如魔方模型上每个面的颜色都不同。接下来的练习以制作魔方模型材质为例。

01 打开"第6章\6-7创建魔方模型材质.max"素材文件，如图6-61所示为魔方模型的白模，从这个角度可以看到魔方模型的3个面，接下来开始制作这3个面的不同材质。

02 新建"多维/子对象"材质。在"材质/贴图浏览器"对话框中双击新建"多维/子对象"材质，如图6-62所示。

图6-61　查看魔方模型　　图6-62　新建"多维/子对象"材质

03 "多维/子对象"材质的材质球界面，默认有10个子材质，如图6-63所示。

图6-63　查看"多维/子对象"材质界面

04 创建子材质。在"材质/贴图浏览器"对话框中新建VRayMtl材质，并关联到"多维/子对象"材质的（1）号ID上，如图6-64所示。

05 创建魔方贴图。魔方的贴图可以用"平铺"贴图来进行制作。首先在"材质/贴图浏览器"对话框中新建"平铺"贴图，如图6-65所示。

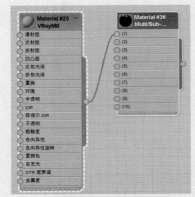

图6-64　新建VRayMtl

06 然后将创建的"平铺"贴图关联到VRayMtl材质的"漫反射图"通道，如图6-66所示。

图6-65　新建平铺贴图

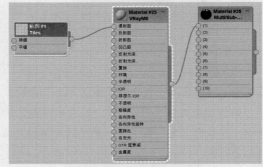

图6-66　添加漫反射贴图

07 打开"平铺"贴图的属性面板，然后参照如图6-67所示中的参数进行调整。在"高级控制"卷展栏中，将平铺"纹理"的颜色设置为红色，"水平数"和"垂直数"设置为3，也就是3阶魔方，再将砖缝"纹理"的颜色设置为白色，并将"水平间距"和"垂直间距"设置为2，如图6-68所示为设置完成后贴图的效果。

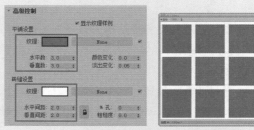

图6-67　设置平铺参数　　图6-68　查看贴图效果

3ds Max+VRay动画及效果图制作从新手到高手

08 完成另两种颜色的魔方贴图。按照步骤03和04的方法，创建魔方其他2种颜色的贴图，并将材质分别关联到"多维/子对象"材质的（2）号和（3）号ID通道上，完成后的效果如图6-69所示。

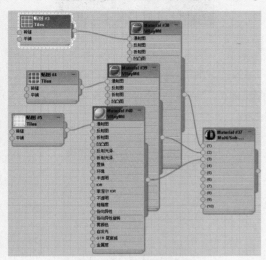

图6-69 创建其他材质

09 设置材质ID。进入魔方模型的"多边形（面）"层级，选择一个面，如图6-70所示，并在"多边形：材质ID"卷展栏下的"设置ID"属性栏中输入"多维/子对象"材质上对应的ID编号，如图6-71所示，然后选择另一个面，如图6-72所示。

图6-70 选定多边形

图6-71 设置材质ID

图6-72 选定多边形

10 用相同的方法将该面的材质ID设置为2，如图6-73所示。

11 将之前设置的多维子材质赋予到魔方模型上，魔方模型就会呈现如图6-74所示的效果。

图6-73 设置材质ID

图6-74 多维/子对象材质效果展示

6.3 BRDF（光照模型）的选择

☆难点☆

V-Ray材质有Phong、Blinn、Ward、Microfacet GTR（GGX）4种BRDF类型，如图6-75所示，不同的BRDF类型决定不同材质的高光效果。

- ➢ Phong：适用于塑料材质。镜面高光有一个明亮的中心，高光边缘没有衰减（拖尾）。
- ➢ Blinn：适用于一些常见材质。镜面高光有一个明亮的中心，并且在高光边缘有比较紧密的拖尾。
- ➢ Ward：对于表现布料、粉笔类的材质效果很好。镜面高光有一个明亮的中心，高光边缘有拖尾，拖尾比Blinn更宽，但比Microfacet GTR（GGX）要紧密一些。
- ➢ Microfacet GTR（GGX）：最适用于金属表面，也可用于汽车漆层。镜面高光具有明亮的中心，高光周围有一圈漂亮的拖尾。

图6-75 BRDF类型

6.4 使用贴图

前面大致介绍了常用的材质，下面开始介绍贴图坐标、使用贴图与贴图通道的方法、常用的贴图类型，以及UVW贴图修改器的使用方法。

6.4.1 什么是贴图坐标 ☆重点☆

贴图坐标指定如何在几何体上放置贴图、调整贴图方向以及进行缩放。

贴图坐标通常以U、V和W指定，其中U是水平维度，V是垂直维度，W是可选的第三维度，指示深度。通常，几何基本体在默认情况下会应用贴图坐标，但曲面对象（例如可编辑多边形、可编辑网络）需要添加贴图坐标。

青花瓷碗模型在没有调整贴图坐标的情况下，材质的贴图在青花瓷碗表面的位置、方向、大小、比例上会出现问题，存在拉伸、错位的现象，如图6-76所示。在调整了贴图坐标之后，贴图在物体表面的显示就会发生相应的变化，如图6-77所示，碗顶部的横切面以及碗内部的贴图效果都有了明显变化，这就是贴图坐标的作用，其可以指定贴图在物体上的位置、大小、方向、比例等信息。

如果将贴图材质应用到没有贴图坐标的对象上，则渲染器会显示警告。

图6-76　调整前　　　图6-77　调整后

【练习6-8】：制作易拉罐模型贴图

01 打开"素材\第6章\6-8易拉罐.max"素材文件，其中有一个未经贴图的易拉罐模型，如图6-78所示。素材文件夹中还提供了根据易拉罐尺寸设计的包装贴图"易拉罐贴图.jpg"，如图6-79所示。

图6-78　模型素材

图6-79　贴图素材

02 首先，新建VRayMtl材质，并将贴图添加到"漫反射贴图"通道，如图6-80所示。然后，将反射的"亮度"设置在20左右，如图6-81所示。

图6-80　添加漫反射贴图

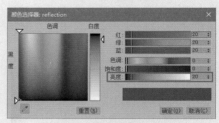

图6-81　设置反射"亮度"

03 将"光泽度"设置为0.75，取消勾选"菲涅耳反射"复选框，将反射"细分值"设置在12左右，如图6-82所示。

图6-82　设置反射参数

04 展开"BRDF"卷展栏，将光照模型设置为"Ward"，如图6-83所示。

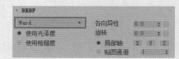

图6-83　设置BRDF

⑤ 材质创建好之后，在模型上选择用于贴标签的部分，如图6-84所示。再在"Slate材质编辑器"对话框中单击"将材质指定给选定对象"按钮，给模型赋予当前材质，还可单击"在视口中显示明暗处理材质"按钮，使材质在视口中显示，如图6-85所示。

图6-84 选定模型

图6-85 指定材质

⑥ 如图6-86所示为贴图在视口中的显示效果，如图6-87所示为渲染效果。

图6-86 视口显示效果

图6-87 渲染效果

【练习6-9】：镂空效果的调试

① 打开"第6章\6-9镂空效果的调试.max"素材文件，如图6-88所示。

② 添加透明度通道贴图。透明度通道的贴图必须为黑白图片或带有不透明度信息的图片，可以使用"第6章\镂空.jpg"素材文件，如图6-89所示。

 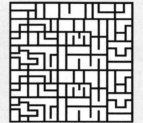

图6-88 查看材质初始效果　图6-89 贴图素材

③ 将贴图素材关联到原材质的"透明度"通道，如图6-90所示。

④ 镂空材质效果展示。添加透明度通道贴图后，材质就会呈现如图6-91所示的渲染效果。

图6-90 添加透明度贴图　图6-91 镂空材质效果展示

6.4.2 常用贴图类型

贴图类型分为5大类，分别是2D贴图、3D贴图、合成器贴图、颜色修改器贴图、反射和折射贴图。

2D贴图是二维图像，通常贴图到几何对象的表面，或用作环境贴图来为场景创建背景。最简单和最常用的2D贴图是"位图"，其他种类的2D贴图按程序生成。2D贴图包含位图、每像素摄影机贴图、棋盘格、渐变、渐变坡度、多平铺、法线凹凸、图形、Substance、漩涡、文本、Texture Object Mask、瓷砖、向量置换和向量。

3D贴图是根据程序以三维方式生成的图案。例如"大理石"拥有通过指定几何体生成的纹理。3D贴图包含细胞、凹痕、衰减、大理石、噪波、粒子年龄、粒子运动模糊、Perlin 大理石、烟雾、斑点、泼溅、灰泥、波浪和木材。

合成器贴图专用于合成其他颜色或贴图，指将2个或多个图像叠加以将其组合，也就是将不同的贴图和颜色进行混合处理，合成器贴图包含合成、遮罩、混合和RGB倍增。

颜色修改器贴图可以改变材质中像素的颜色，有时可以省去在其他图像处理软件中处理的时间。颜色修改器贴图包含颜色校正、输出RGB染色、顶点颜色和颜色。

反射和折射贴图用于创建反射和折射。反射和折射贴图包含平面镜、光线跟踪、反射/折射和薄壁折射。

知识拓展

尽管三维建模比二维图形更逼真，但是看起来仍不够真实，缺乏现实世界中的色彩、阴影和光泽。在计算机绘图中，将模型按严格定义的语言或者数据结构来对三维物体进行描述，包括几何、视点、纹理以及照明等各种信息，从而获得真实感极高的图片，这一过程就称之为渲染。而为模型添加材质或贴图便是渲染工作的第一步，后面的步骤还有灯光、摄影机、环境效果等，将在后续的章节中进行介绍。

拓展训练

运用本章所学的知识，使用"混合"材质制作花纹抱枕，使其达到图6-92所示的效果。

图6-92　拓展训练——制作花纹抱枕

120

第7章
灯光系统和摄影机

　　精美的模型、真实的材质、完美的动画以及各种形式的灯光是三维场景中不可缺少的元素，因此灯光在三维表现中显得尤为重要。3ds Max中的灯光类型分为标准灯光和光度学灯光，可以模拟真实世界中的各种灯光，例如室内的灯光、室外的太阳光以及化学反应的光等。

---------- 学 习 重 点 ----------

➤ 标准灯光的使用技巧及　　　➤ 光度学灯光的使用技巧及　　　➤ 相机的使用技巧及
　 参数设置　　　　　　　　　　 参数设置　　　　　　　　　　　 参数设置

7.1 标准灯光

　　标准灯光一共有6种类型，分别为目标聚光灯、自由聚光灯、目标平行光、自由平行光、泛光、天光等，如图7-1所示。本节介绍在制作三维场景中较为常用的4种灯光，即目标聚光灯、目标平行灯、泛光灯和天光灯。

图7-1　标准灯光列表

7.1.1　目标聚光灯

　　聚光灯包括目标聚光灯和自由聚光灯2种类型。单击"目标聚光灯"按钮，然后在视口中创建一个目标聚光灯，观察到目标聚光灯的外形呈锥形，投射出类似闪光灯一样的聚焦光束，就像剧院中或栀灯下的聚光区。自由聚光灯和目标聚光灯属性相同，只是没有可以移动和旋转的目标点使灯光指向某个特定的方向，如图7-2所示。

图7-2　聚光灯类型

> ◉提示·◦·
>
> 　　右图中的Free Spot即表示"自由聚光灯"。

　　1．"常规参数"卷展栏

　　"常规参数"卷展栏的内容如图7-3所示，其中各选项含义如下。

➤ 启用：勾选该复选框，可开启灯光。

➤ "灯光类型"下拉列表：包含3种灯光类型，分别为"聚光灯""平行光""泛光"，如图7-4所示。

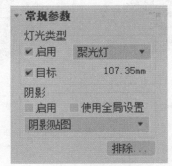

图7-3　常规参数卷展栏

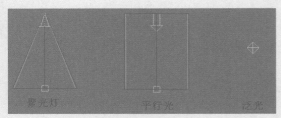

图7-4 灯光类型

> 目标：勾选该复选框后，灯光将变成目标聚光灯；取消勾选，灯光将变成自由聚光灯。

> 使用全局设置：勾选该复选框后，灯光投射的阴影将影响整个场景的阴影效果；若取消勾选，则需选择渲染器使用哪种方式来生成特定的灯光投影。

> 阴影类型：通过选择不同的阴影来得到不同的阴影效果。

> 排除：单击该按钮，可将选定的对象排除于灯光效果之外。

2. "强度/颜色/衰减"卷展栏

"强度/颜色/衰减"卷展栏的内容如图7-5所示，其中各参数的含义介绍如下。

图7-5 "强度/颜色/衰减"卷展栏

> 倍增：用来控制灯光的强弱程度，其默认值为1，该数值越大，灯光光线越强，反之则越暗。

> 颜色：用来设置灯光的颜色，灯光的颜色也会影响灯光的亮度，灯光颜色越亮，光线就会显得越强，因此当需要降低灯光的强度时，可以将灯光颜色设置为灰色或更暗的颜色，如图7-6所示。

图7-6 灯光颜色

◎提示·•◎

当"倍增"值为负数时，灯光不仅不会起到照明的作用，还会产生吸收光线的效果，使场景变暗，常用来调整曝光的区域。

> "衰减"选项组：该选项组中包含近距衰减和远距衰减2种衰减方式，主要是用来指定灯光的衰减方式。在真实世界中，光线在通过空气或其他介质的过程中会受到干扰而逐渐减弱直至消失，因此离光源近的物体会比离光源远的物体亮，这就是灯光的衰减效果，如图7-7所示。

图7-7 灯光衰减

3. 聚光灯参数卷展栏

"聚光灯参数"卷展栏的内容如图7-8所示，其中各选项含义如下。

> 显示光锥：勾选该复选框，可以在视图中开启聚光灯的圆锥显示效果，取消勾选则不予显示光锥，如图7-9所示。

图7-8 "聚光灯参数"   图7-9 开启/关闭光锥
卷展栏   的效果

> 泛光化：勾选该复选框，灯光在各个方向投射光线。

> 聚光区/光束：调整灯光圆锥体的角度。

> 衰减区/区域：设置灯光衰减区的角度。不同参数的"聚光区/光束"与"衰减区/区域"的光锥对比效果如图7-10所示。

图7-10 光锥对比效果

> 圆/矩形：设置聚光区和衰减区的形状，如图7-11所示。

> "纵横比"选项：选择"矩形"选项时，该项被激活，可定义矩形光束的纵横比。

> "位图拟合"选项：该项与"纵横比"选项被同步激活，可设置纵横比以匹配特定的位图。

3ds Max+VRay动画及效果图制作从新手到高手

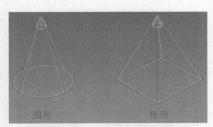

图7-11　形状的设置结果

4.高级效果卷展栏

"高级效果"卷展栏的内容如图7-12所示，其中各选项含义如下。

- 对比度：设置漫反射区域和环境光区域的对比度。
- 柔化漫反射边：增大参数值，可以柔化曲面的漫反射区域和环境光区域的边缘。
- 漫反射：勾选该复选框，灯光将影响曲面的漫反射属性。
- 高光反射：勾选该复选框，灯光将影响曲面的高光属性。
- 仅环境光：勾选该复选框，灯光仅影响照明的环境光。
- 贴图：勾选该复选框后单击"无"按钮，可在如图7-13所示的【材质/贴图浏览器】对话框中为投影加载贴图。

图7-12　"高级效果"　　图7-13　"材质/贴图浏览
　　　　卷展栏　　　　　　　　　器"对话框

【练习7-1】：制作台灯灯光

① 打开素材"第7章\7-1 制作台灯灯光.max"文件，在场景中有一个没有打开的台灯及赋予材质的模型，如图7-14所示。

② 在"创建"→"灯光"面板的下拉列表中选择"标准"选项，进入"标准灯光"的创建面板，如图7-15所示。

图7-14　打开模型　　　图7-15　标准灯
　　　　　　　　　　　　　　　光创建面板

③ 按快捷键F切换视图至前视图，在"对象类型"卷展栏中单击"目标聚光灯"按钮，拖动鼠标在如图7-16所示的位置处创建一盏聚光灯。

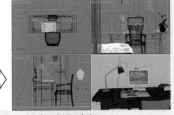

图7-16　创建目标聚光灯

④ 切换至"修改"命令面板，调整"聚光灯"的相关参数设置，如图7-17所示。

图7-17　调整参数

⑤ 按快捷键F9，观察创建的目标灯光效果，如图7-18所示。

图7-18 台灯灯光效果

7.1.2 目标平行光

目标平行光产生一个圆柱状的平行照射区域，是一种与目标聚光灯相似的平行光束，主要用于模拟阳光、探照灯、激光光束等效果。在制作室内外建筑效果图时，主要采用目标平行光来模拟阳光照射产生的光景效果。

目标平行光类似于矩形，与建筑门窗的形状相似，因此可以最大限度地通过门窗向室内传达光线，而目标聚光灯为圆锥形，与灯光相类似，因此多用来模拟室内灯光，如图7-19所示。

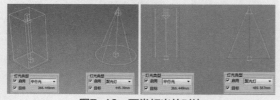

图7-19 两类灯光的对比

【练习7-2】：制作室内阳光

01 打开素材"第7章\7-2制作室内阳光.max"文件，在场景中有已经设置好的相关模型和材质，如图7-20所示。

02 在"创建"→"灯光"面板的下拉列表中选择"标准"选项，进入"标准灯光"的创建面板，单击"目标平行光"，在侧视图中创建出灯光，并调整灯光的位置，如图7-21所示。

图7-20 打开文件

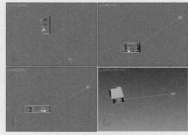

图7-21 创建灯光

03 切换至"修改"命令面板，调整"平行光"的相关参数设置，如图7-22所示。

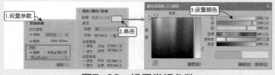

图7-22 设置常规参数

04 展开"平行光参数"和"V-Ray阴影参数"两个卷展栏，参照如图7-23所示设置参数。

图7-23 设置参数

05 按快捷键F9，观察创建的目标灯光效果，如图7-24所示。

图7-24 室内阳光效果

7.1.3 泛光灯

泛光灯是一种可以向四面八方均匀照射的点光源，其照射范围可以任意调整，在场景中表现为一个正八面体的图标，如图7-25所示。

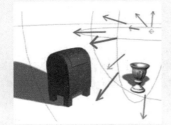

图7-25 泛光灯原理

泛光灯制造出的是高度漫射的、无方向的光而非轮廓清晰的光束，因而产生的阴影柔和而透明，如图7-26所示。用于物体照明时，照明减弱的速度比用聚光灯照明时慢得多，甚至有些照明减弱非常慢的泛光灯，看上去像是一个不产生阴影的光源。

图7-26 泛光灯运用

7.1.4 天光

天光以穹顶的方式发光，一般用来模拟天空光，如图7-27所示，可用于所有需要基于物理数值的场景。天光可与其他灯光配合使用，实现高光和投射锐边阴影，也可单独作为场景的唯一灯光。

"天光参数"卷展栏如图7-28所示，其中各选项含义如下。

图7-27 天光

图7-28 "天光参数"卷展栏

> 启用：勾选该复选框，可启用天光。
> 倍增：通过更改参数值来控制天光的强弱程度。
> 使用场景环境：可以在"环境和特效"对话框中设置"环境光"颜色来作为天光颜色。
> 天空颜色：更改天光的颜色。
> 贴图：通过指定贴图来影响天光的颜色。
> 投射阴影：勾选该复选框，天光可以投射阴影。
> 每采样光线数：计算落在场景中每个点的光子数目。
> 光线偏移：定义光线产生的偏移距离值。

7.2 光度学灯光

光度学灯光通过设置灯光的光度学值来模拟真实世界中的灯光效果。用户可以为灯光指定各种各样的分布方式和颜色特性，还可以导入灯光制造商提供的特定光度学文件，制作出特殊的光照效果。

进入"创建"主命令面板下的"灯光"面板后，默认显示的灯光类型为光度学灯光，该面板中包含了"目标灯光""自由灯光"和"太阳定位器"3种光度学灯光，如图7-29所示。

> ◎提示·◎
>
> 单击"目标灯光"按钮，初次创建光度学灯光时，会弹出一个如图7-30所示的对话框，其主要作用是提示用户是否选择"对数曝光控制"类型。如果单击"确定"按钮，在"环境和特效"对话框中可以看到"曝光控制"卷展栏中选择的是"对数曝光控制"类型。

图7-29 光度学灯光类型

在场景中创建目标灯光，其像标准泛光灯一样从几何体发射光线。自由灯光同目标灯光的属性基本相同，但前者没有目标点，如图7-31所示。

图7-30 曝光控制

图7-31 目标灯光和自由灯光

1. "模板"卷展栏

通过"模板"卷展栏，可以在各种预设的灯光类型中进行选择，如图7-32所示。

图7-32 光度学灯光模板

2. "常规参数"卷展栏

在"常规参数"卷展栏中可以启用和禁用灯光，并且排除或包含场景中的对象。通过该卷展栏还可以设置灯光分布的类型。"常规参数"卷展栏也用于对灯光启用或禁用投影阴影，并且选择灯光使用的阴影类型，如图7-33所示，其中各选项含义如下。

- 启用：控制是否开启灯光。
- 目标：勾选该复选框后，灯光才会有目标点；若取消勾选，目标灯光将会变成自由灯光。
- 阴影类型：用于设置场景使用的阴影类型，其中包括"高级光线跟踪""阴影贴图"和"VRayShadow"等7种类型。

图7-33 常规参数组

3. "强度/颜色/衰减"卷展栏

通过"强度/颜色/衰减"卷展栏，可以设置灯光的颜色和强度，还可以选择设置衰减极限，如图7-34所示。"强度/颜色/衰减"卷展栏中各选项含义如下。

图7-34 强度/颜色/衰减卷展栏

- 过滤颜色：使用颜色过滤器来模拟置于灯光上的过滤色效果。
- cd（坎德拉）：用于测量灯光的最大发光强度。100W通用灯泡的发光强度约为139cd。
- 暗淡百分比：启用该选项后，该值会指定用于降低灯光强度的"倍增"。
- 远距衰减：该选项组主要用来控制灯光的衰减范围和强度，如图7-35所示。

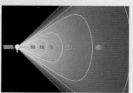

图7-35 聚光灯衰减方式

4. 光域网

光域网是针对光度学灯光提出的，一般用于局部照明。使用光域网能够较好地表现出射灯在物体上产生的光线效果。

【练习7-3】：光域网的应用

01 打开素材"第7章\7-3 光域网的应用.max"文件，该场景模拟一组装饰射灯的效果。切换至"创建"面板单击"目标灯光"按钮，在射灯所在的位置创建一个"目标灯光"，如图7-36所示。

图7-36 创建目标灯光

02 切换至灯光修改面板，修改"常规参数"卷展栏中的"灯光分布（类型）"为"光度学Wed"，单击"分布（光度学Wed）"参数卷展栏中的"选择光度学文件"按钮，在弹出的对话框中选择配套资源所提供的光域网文件，如图7-37所示。

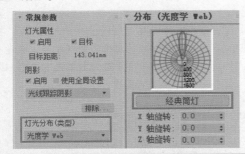

图7-37 加载光域网

03 在"强度/颜色/衰减"卷展栏中设置灯光的过滤颜色，并调节一定的强度，如图7-38所示。

图7-38 调节灯光参数

04 渲染图像将产生射灯效果，如图7-39所示。

图7-39 射灯效果

7.3 摄影机

3ds Max默认只有标准摄影机。标准摄影机有2个类型，分别是目标摄影机和自由摄影机，如图7-40所示，本节对这2个类型的摄影机进行讲解。

图7-40 "标准"摄影机

7.3.1 目标摄影机

目标摄影机是最常用的摄影机，单击"目标"按钮，在场景中拖动鼠标，即可创建目标摄影机，如图7-41所示。

目标摄影机由摄影机和目标点组成，移动目标点，可以调整摄影机的观察方向；移动摄影机，可以调整摄影机的观察范围。摄影机和摄影机目标可以分别设置动画，以便当摄影机不沿路径移动时，容易使用摄影机。

7.3.2 自由摄影机

单击"自由"按钮，在场景中单击即可创建自由摄影机，如图7-42所示。自由摄影机与目标摄影机的区别是，自由摄影机不具有目标，而目标摄影机具有目标子对象。

自由摄影机在摄影机指向的方向查看区域。创建自由摄影机时，会看到一个图标，该图标表示摄影机及其视野。摄影机图标与目标摄影机图标看起来相同，但是不存在要设置动画的单独的目标图标。当摄影机的位置沿一个路径被设置动画时，更容易使用自由摄影机。

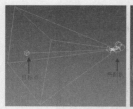

图7-41　目标摄影机　　图7-42　自由摄影机

目标摄影机和自由摄影机都包含"参数"卷展栏和"景深"卷展栏，接下来对这两个卷展栏的内容进行讲解。

7.3.3　"参数"卷展栏

"参数"卷展栏如图7-43所示，其中各选项含义如下。

➤ 镜头：调整参数来改变摄影机的焦距，以mm为单位。

➤ 视野：定义摄影机查看区域的宽度视野，系统提供3种方式，分别为"水平"➡、"垂直"↕、"对角线"⤢。

➤ 正交投影：勾选该复选框后，可将摄影机视图切换为用户视图；取消勾选，摄影机视图将为标准的透视图。

➤ 备用镜头：显示系统预置的摄影机焦距镜头。

➤ 类型：更改摄影机的类型，分为目标摄影机和自由摄影机2种。

➤ 显示圆锥体：勾选该复选框后，就算摄影机不处于选中状态，也可显示摄影机视野定义的锥形光线，也就是一个四棱锥。

➤ 显示地平线：勾选该复选框后，可以在摄影机视图中显示一条深灰色的线段。

➤ 显示：勾选该复选框后，显示摄影机锥形光线内的矩形。

➤ 近距/远距范围：定义大气效果的近距/远距范围。

➤ 手动剪切：勾选该复选框后，可以自定义剪切平面，如图7-44所示。

图7-43　"参数"卷展栏

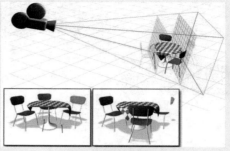

图7-44　剪切平面

➤ 近距/远距剪切：定义近距和远距平面范围。在摄影机里，比"近距剪切"平面近又比"远距剪切"平面远的对象不能被观察到。

➤ 多过程效果类型：系统默认效果类型为"景深"，一共有3种，即景深（mental ray）、景深模糊和运动模糊。

➤ 渲染每个过程效果：勾选该复选框后，系统可将渲染效果应用于多重过滤效果的每个过程，例如景深或者运动模糊。

7.3.4　"景深参数"卷展栏

"景深参数"卷展栏内容如图7-45所示，其中主要选项含义如下。

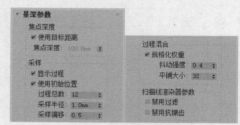

图7-45　"景深参数"卷展栏

➤ 使用目标距离：勾选该复选框后，系统可将摄影机的目标距离用作每个过程偏移摄影机的点。

➤ 焦点深度：取消勾选"使用目标距离"，可以在该项中设置摄影机的偏移深度，参数设置范围为1~100。

➤ 显示过程：勾选该复选框后，可在"渲染帧窗口"中显示多个渲染通道。

➤ 使用初始位置：勾选该复选框后，则第一个渲染过程位于摄影机的初始位置。

➤ 过程总数：定义生成景深效果的过程数。参数值越大则效果的真实度越高，但是渲染时间也会相应增长。

➤ 采样半径：定义场景生成的模糊半径。参数值

3ds Max+VRay动画及效果图制作从新手到高手

越大，模糊效果越明显。

> 采样偏移：定义模糊靠近或者远离"采样半径"的权重。增大参数值可以增加景深模糊的数量级，能得到更均匀的景深效果。

> 规格化权重：勾选该复选框后，可将权重规格化并获得平滑的效果；若取消勾选，能得到更加清晰的结果，同时颗粒效果也更明显。

> 抖动强度：其中的参数值用来表现渲染通道的抖动程度。参数值越大，抖动值越大。同步生成颗粒状效果，在对象的边缘上尤为明显。

> 平铺大小：定义图案的大小。0表示用最小的方式来平铺，100表示用最大的方式来平铺。

【练习7-4】：制作景深效果

01 打开素材"第7章\7-4制作景深效果.max"文件，如图7-46所示。对场景进行默认渲染，效果如图7-47所示。

图7-46　打开文件　　图7-47　默认渲染效果

02 选择场景中的摄影机，在"修改"命令面板中设置摄影机的参数，如图7-48所示。

03 按快捷键F10打开"渲染设置"对话框，然后单击V-Ray选项卡，展开"相机"卷展栏，勾选"景深"复选框，如图7-49所示。

图7-48　摄影机参数　　图7-49　设置渲染参数

04 按快捷键F9渲染当前场景，最终效果如图7-50所示。

图7-50　最终效果

知识拓展

　　光是人类生存不可或缺的，是人类认识外部世界的依据。在自然界中人们看到的光来自于太阳或借助于产生光的设备，例如荧光灯、聚光灯、白炽灯等。在3ds Max中，灯光是表现三维效果非常重要的一部分，能够表达出作品的灵魂。没有了光，任何漂亮的材质都无法展示出其应有的效果，因此本章可以看作是第6章材质部分的延伸。

　　CG布光在渲染器发展的早期，无法计算间接光照时，因为背光的地方没有光线进行反弹，就会得到一个全黑的背面，因此模拟物体真实的光照，需要多盏辅助灯光照射暗部区域，也就形成了众所周知的"3点布光"，也称为"3点照明"的布光手法。如果场景很大，可以拆分成若干个较小的区域进行布光，一般有3盏灯即可，分别为主体光、辅助光与背景光。

　　3点布光的好处是容易学习和理解。其由在一侧的一个明亮主灯，在对侧的一个弱补充的辅助灯和用来给物体突出加亮边缘的、在物体后面的背景灯组成，如图7-51所示。

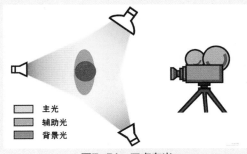

图7-51　三点布光

　　三点布光的布光顺序参考如下。

01 先确定主体光的位置与强度。

02 接着调节辅助光的强度与角度。

03 最后分配背景光。

运用本章所学的知识，调整灯光样式与光照布局，使其达到如图7-52所示的效果。

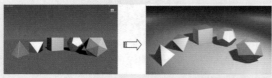

图7-52　拓展训练1——设置灯光与摄影机

运用本章所学的知识，创建目标摄影机，使其环绕模型进行观察，如图7-53所示。

图7-53　拓展训练2——创建目标摄影机

第8章
环境和效果技术

在完成了模型的创建、材质的设置、灯光及摄影机的布局后，为使场景更具有真实感和空间感，需要使用"环境和效果"功能，为场景添加光、雾、火等效果。在影视制作中，为场景添加一些模拟现实的环境效果，可以呈现出更生动形象、更真实的视觉效果。

── 学 习 重 点 ──

➤ 公共参数设置   ➤ 环境贴图运用   ➤ 体积光参数设置

8.1 环境

在3ds Max中，系统默认视图渲染后背景环境的颜色是黑色，场景的光源为白色。此时执行"渲染"→"环境"命令，弹出如图8-1所示的"环境和效果"对话框，在"环境"选项卡下可以设置场景中的环境效果。

8.1.1 背景与全局照明

"公用参数"卷展栏包括"背景"和"全局照明"2个选项组，本节介绍选项组中的各项参数含义。

1. "背景"选项组

➤ 颜色：单击色块按钮，在系统弹出如图8-2所示的"颜色选择器：背景色"对话框中更改"红""绿"和"蓝"选项的参数值，可以对场景中的背景颜色进行更改。

图8-1 "环境和效果"对话框

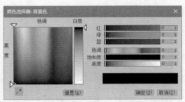

图8-2 "颜色选择器：背景色"对话框

➤ 环境贴图：单击 无 按钮，系统弹出如图8-3所示的"材质/贴图浏览器"对话框，双击"位图"选项，在弹出的"选择位图图像文件"对话框中选择待加载的环境贴图，单击"打开"按钮可以完成加载贴图的操作，结果如图 8-4 所示。

➤ 使用贴图：选择该项，才可将所加载的贴图应用到场景中。

图8-3 "材质/贴图浏览器"对话框

图 8-4 加载贴图

2. "全局照明"选项组

➤ 染色：该项可对场景中的所有灯光进行染色处

131

理，环境光除外。默认颜色为纯白色，即不进行染色处理。

- 级别：设置场景中全部照明的强度。参数值为1.0时不对场景中的灯光强度产生影响，参数值大于1时整个场景的灯光强度都将增强，参数值小于1时整个场景的灯光都将减弱。
- 环境光：该选项用来设置环境光的颜色，其与任何灯光都无关，属不定向光源，与空气中的漫反射类似。系统默认颜色为纯黑色，即没有环境光照明，这样材质可完全受到可视光的照明。此时在"材质编辑器"中材质的"环境光"属性的也没起任何作用。设置了环境光后，材质里的"环境光"属性会根据所设定的环境光来产生影响，即材质的暗部不是黑色，而是显示所设置的环境光色。

下面通过2个实例来介绍"背景"和"全局照明"的使用。

【练习 8-1】：为效果图添加室外环境贴图

01 打开素材 "第8章\8-1为效果图添加室外环境贴图.max" 文件，其中已创建好了一个简单的室内场景，如图8-5所示。

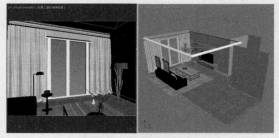

图8-5 素材文件效果

02 在 "渲染" 菜单中选择 "环境" 选项，在弹出的 "环境和效果" 对话框中勾选 "使用贴图" 复选框，然后单击 "无" 按钮，弹出 "材质/贴图浏览器" 对话框，在 "通用" 卷展栏下选择 "位图" 选项，单击 "确定" 按钮，如图8-6所示。

03 在素材文件夹下选择HDRI环境贴图，单击 "打开" 按钮，在打开的 "HDRI加载设置" 对话框中单击 "确定" 按钮，即可加载HDRI环境贴图，如图8-7所示。

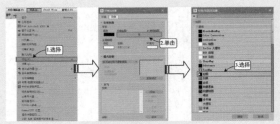

图8-6 添加 "位图"

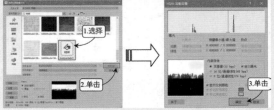

图8-7 加载HDRI贴图

04 "环境贴图" 按钮显示为当前环境贴图的名称，效果如图8-8所示。

图8-8 "环境贴图"

05 在摄影机视口单击 "+" 按钮，打开 "视口配置" 对话框，在 "背景" 选项卡下选择 "使用环境背景" 选项，单击 "确定" 按钮，如图8-9所示。

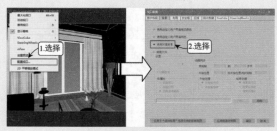

图8-9 在视口显示环境背景

06 设置完成后，此时环境背景显示的效果如图8-10所示。

图8-10 环境背景显示效果

07 在"主工具"栏单击"材质编辑"按钮，按住左键并拖动环境贴图到材质编辑器的空白材质球处，如图8-11所示。

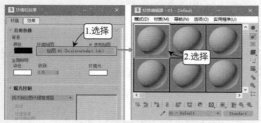

图8-11 拖放贴图

08 在弹出的"实例（副本）贴图"对话框中选择以"实例"方法拖放贴图，如图8-12所示。

图8-12 "实例"贴图

09 在"坐标"卷展栏下设置偏移"U"为0.1、"V"为-0.1，调整后窗外的环境贴图效果如图8-13所示。

图8-13 设置"偏移"参数

10 在"主工具"栏中单击"渲染产品"按钮，渲染添加"环境贴图"前后的室内效果图，添加前的效果如图8-14所示，添加后的效果如图8-15所示。

图8-14 添加"环境贴 图8-15 添加"环境贴
　　　图"前　　　　　　图"后

【练习8-2】：测试全局照明

01 打开素材"第8章\8-2测试全局照明.max"文件，素材文件中已创建好了一些装饰模型，如图8-16所示。

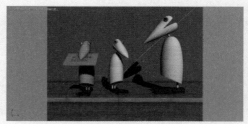

图8-16 素材文件效果

02 在"渲染"菜单中单击"环境"命令，弹出"环境和效果"对话框，在"环境"选项卡的"全局照明"选项组中"染色"默认为白色，"级别"参数默认为1.0，如图8-17所示。

图8-17 默认"全局照明"

⑩ 在"主工具"栏单击"渲染产品"按钮 ，默认参数下场景的渲染效果如图8-18所示。

图8-18　默认渲染效果

⑩ 重新打开"环境和效果"对话框，单击"染色"色块 ，在弹出的"颜色选择器"对话框中设置"全局光色彩"为粉色，如图8-19所示。全局照明染"粉色"时，场景的渲染效果如图8-20所示。

图8-19　设置全局光颜色

图8-20　"粉色"全局光渲染效果

⑩ 全局照明染"黄色"和"蓝色"时，场景的渲染效果分别如图8-21和图8-22所示。

图8-21　"黄色"全局
光效果

图8-22　"蓝色"全
局光渲染效果

⑩ 设置"全局照明"的"级别"参数为0.5，场景中所有灯光强度会被减弱，效果如图8-23所示。

图8-23　降低"级别"效果

⑩ 设置"全局照明"的"级别"参数为2，场景中所有灯光强度会被增强，效果如图8-24所示。

图8-24　增强"级别"效果

8.1.2　曝光控制

曝光控制用来调整渲染的输出级别和颜色范围，与电影的曝光处理类似，适用于"光能传递"渲染器。在"曝光控制"卷展栏中提供了6种曝光类型，如图8-25所示，其中各类型含义如下。

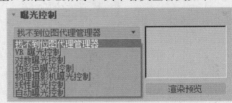

图8-25　曝光类型列表

➢ VR 曝光控制：选择该项，通过调节曝光值、快门速度以及光圈数、白平衡等参数来控制V-Ray的曝光效果。

➢ 对数曝光控制：该类型适用于"动态阈值"非常高的场景，在亮度、对比度以及在有天光照明的室外场景中使用较频繁。

➢ 伪彩色曝光控制：选择该项，可直观地观察和计算场景中的照明级别。

➢ 物理摄影机曝光控制：选择该项，可以提供类似于摄影机一样的控制，例如快门速度、光圈和胶片速度，及对高光、中间色调和阴影的图像控制。

➢ 线性曝光控制：该类型适用于动态范围很低的场景中。可以从渲染中采样，还可使用场景的平均亮度来将物理值映射为RGB值。

➢ 自动曝光控制：选择该项，可从渲染图像中采样，生成一个直方图，方便在渲染的整个动态

3ds Max+VRay动画及效果图制作从新手到高手

范围中提供良好的颜色分离。

下面着重介绍其中4种曝光类型。

1.对数曝光控制

"对数曝光控制参数"卷展栏内容如图8-26所示，其中大部分选项的含义可参照"自动曝光控制"卷展栏内容的介绍。

图8-26 "对数曝光控制参数"卷展栏

➢ "仅影响间接照明"选项：勾选该复选框，曝光控制仅应用于间接照明的区域，如图8-27所示。

➢ "室外日光"选项：勾选该复选框，可转换为适合室外场景的颜色，如图8-28所示。

图8-27 仅影响间接照明　　图8-28 室外日光

2.线性曝光控制

将当前的曝光控制类型设置为"线性曝光控制"，可弹出相应的参数卷展栏如图8-29所示。

3.伪彩色曝光控制

"伪彩色曝光控制"卷展栏如图8-30所示，其中各选项含义如下。

图8-29 "线性曝光　　图8-30 "伪彩色曝光
控制"参数　　　　　控制"参数

➢ 数量：在该选项中可设置所测量的值，分为"照度"和"亮度"两项。

➢ 样式：在该选项中可设置显示值的方式，分为"彩色"和"灰度"两类。

➢ 比例：在该选项中可设置用于映射值的方法，分为"对数"和"线性"两类。

➢ 最小/最大值：在该项中设置在渲染中要测量及表示的最小/最大值。

➢ 物理比例：该选项用于非物理光，可设置曝光控制的物理比例。

➢ 光谱条：显示光谱与强度的映射关系。

4.自动曝光控制

将当前的曝光控制类型设置为"自动曝光控制"，可以弹出相应的参数卷展栏，如图8-31所示，其中各选项含义如下。

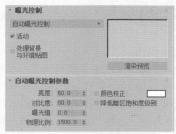

图8-31 "自动曝光控制"参数

➢ 活动：勾选该复选框，可以在渲染中开启曝光控制。

➢ 处理背景与环境贴图：勾选该复选框，场景的背景贴图与场景的环境贴图同时受到曝光控制的影响。

➢ 渲染预览：单击该按钮，可预览将渲染的缩略图。

➢ 亮度：设置转换颜色的亮度，参数值范围为0~100，如图8-32所示。

图8-32 不同亮度值的效果

➢ 对比度：设置转换颜色的对比度，参数设置范围为0~100。

➢ 曝光值：设置渲染的总体亮度，参数设置范围为-5~5。负值可使图像变暗，正值可使图像变亮。

➤ 物理比例：设置曝光控制的物理比例，一般用在非物理灯光中。

➤ 颜色校正：勾选该复选框，可改变所有颜色，使色样中的颜色显示为白色，如图8-33所示。

图8-33　颜色校正

➤ 降低暗区饱和度级别：勾选该复选框，渲染出来的颜色会变暗。

8.1.3　大气

3ds Max中的大气效果有火、云、雾、光等，通过在场景中添加这些大气效果元素，可以使场景与现实环境更接近。营造自然界各种气候，例如晴天、雨雾等，对烘托场景的气氛起到很重要的作用。如图8-34、图8-35、图8-36所示分别为火效果、云雾效果、体积光效果的呈现。

图8-34　火效果

图8-35　云雾效果

图8-36　体积光效果

在"环境和效果"对话框中展开"大气"卷展栏，如图8-37所示，其中各选项含义如下。

图8-37　大气卷展栏

➤ 效果：其中会显示已添加的效果的名称。

➤ 添加：单击该按钮，在系统弹出"添加大气效果"对话框中选择待添加的效果类型，单击"确定"按钮即可将其添加至"大气"卷展栏下。

➤ 删除：单击该按钮，可删除在"效果"列表中所选中的大气效果。

➤ 活动：勾选该复选框，可启用所添加的大气效果。

➤ 上移/下移：单击这2个按钮，可更改已添加的大气效果的顺序。

➤ 合并：单击该按钮，可合并其他3ds Max场景中效果。

1. 火效果

使用"火效果"功能，可以制作出火焰、爆炸等效果，如图8-38和图8-39所示。

图8-38　火焰效果　　　图8-39　爆炸效果

添加"火"效果后，可以显示其参数设置面板，如图8-40所示。

图8-40　火效果参数

下面通过实例来介绍"火效果"的使用。

【练习8-3】：用"火"效果制作火柴燃烧效果

01 打开素材"第8章\8-3用火效果制作火柴燃烧效果"文件，素材文件中已创建好一火柴对象，如图8-41所示。

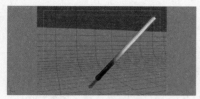

图8-41　素材文件效果

02 按快捷键8打开"环境和效果"对话框，在"环境"选项卡的"大气"卷展栏下单击"添加"按钮，在弹出的"添加大气效果"对话框中选择添加"火效果"，如图8-42所示。

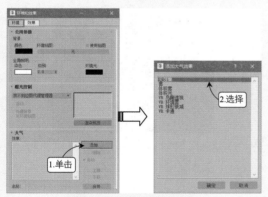

图8-42　添加"火"效果

03 在"创建"面板中，选择"大气装置"辅助对象选项卡，单击"球体Gizmo"按钮，如图8-43所示。

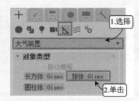

图8-43　"球体Gizmo"

04 在火柴头位置创建球体Gizmo，设置球体Gizmo的"半径"为80，勾选"半球"复选框，

然后，使用"旋转"和"缩放"工具调整球体Gizmo的角度和形状，如图8-44所示。

图8-44　创建"球体Gizmo"

05 切换到"环境和效果"对话框，在"火效果参数"卷展栏下激活"拾取Gizmo"命令，单击拾取场景中的球体Gizmo，如图8-45所示。

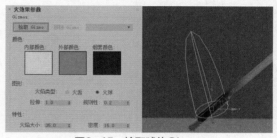

图8-45　拾取球体Gizmo

06 然后设置图形"拉伸"为1、"火焰大小"为30、"密度"为20、"火焰细节"为5、"采样"为20、动态"漂移"为5，如图8-46所示。

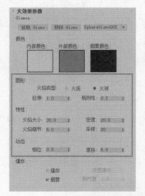

图8-46　设置"火效果"参数

07 在"主工具"栏单击"渲染产品"按钮，火柴的最终渲染效果如图8-47所示。

图8-47　火柴燃烧效果

2. 雾和体积雾

使用"雾效果"功能，可创建出各种类型的雾，如图8-48所示。

图8-48 雾效果

下面通过两个实例来介绍"雾"效果和"体积雾"效果的使用。

【练习8-4】：用"雾"效果制作山雾

①① 打开素材"第8章\8-4用雾效果制作山雾.max"文件，其中已经创建好一些山体模型，如图8-49所示。

图8-49 素材文件效果

①② 按快捷键8打开"环境和效果"对话框，在"环境"选项卡的"大气"卷展栏下单击"添加"按钮，在弹出的"添加大气效果"对话框中选择添加"雾"效果，如图8-50所示。

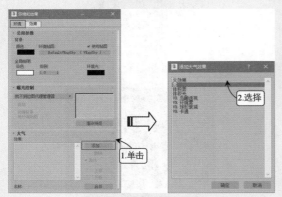

图8-50 添加"雾"效果

①③ 在"雾参数"卷展栏中单击雾"颜色"图标，打开"颜色拾取器"对话框，设置雾颜色为偏灰的冷色，如图8-51所示。

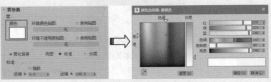

图8-51 设置"雾"颜色

①④ 在"主工具"栏单击"渲染产品"按钮，最终的渲染效果如图8-52所示。当雾颜色为白色时，渲染效果如图8-53所示。

图8-52 原始场景
渲染效果　　　图8-53 白色雾
　　　　　　　渲染效果

【练习8-5】：用体积雾制作室外场景

①① 打开素材"第8章\8-5用体积雾制作室外场景.max"文件，其中已经创建好一个室外场景，如图8-54所示。

图8-54 素材文件效果

①② 按快捷键8打开"环境和效果"对话框，在"大气"卷展栏中单击"添加"按钮，弹出"添加大气效果"对话框，选择添加"体积雾"效果，如图8-55所示。

3ds Max+VRay动画及效果图制作从新手到高手

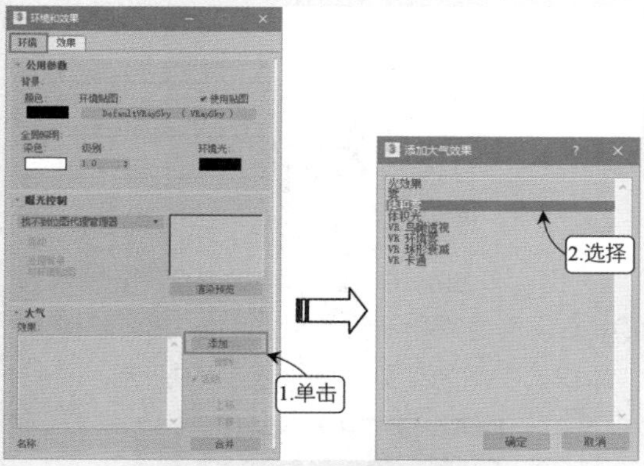

图8-55 添加"体积雾"效果

⑬ 在"创建"面板的"辅助对象"类别中选择"大气装置",单击"球体Gizmo"按钮,如图8-56所示。

图8-56 启动"球体Gizmo"

⑭ 在视口中拖动鼠标,创建球体Gizmo,在"参数"卷展栏下设置"半径"为260,并勾选"半球"复选框,如图8-57所示。

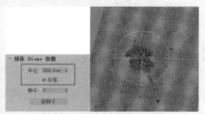

图8-57 创建"球体Gizmo"

⑮ 进入"环境和效果"对话框,在"体积雾参数"卷展栏下激活"拾取Gizmo"工具,单击拾取视口中的"球体Gizmo",拾取完成后,Gizmo下拉列表中会显示拾取的Gizmo名称,如图8-58所示。

图8-58 "拾取Gizmo"

⑯ 场景的原始渲染效果如图8-59所示,添加"体积雾"后的渲染效果,如图8-60所示。

图8-59 原始渲染效果 　　图8-60 添加"体积雾"效果后的渲染效果

3. 体积光

使用"体积光"功能,可以制作带体积的光线,并指定给任何类型的灯光,环境光除外。这种体积光可以被物体阻挡,形成光芒透过缝隙的效果,如图8-61所示。带有体积光属性的灯光仍可以进行照、投影以及投影图形。

图8-61 体积光

添加"体积光"效果后,可以显示其参数设置面板,如图8-62所示。

图8-62 体积光参数

下面通过实例来介绍"体积光"效果的使用。

【练习8-6】:用体积光为CG场景添加体积光

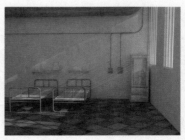

⑴ 打开素材"第8章\8-6用体积光为CG场景添加体积光.max",素材文件包含一个CG场景,如图8-63所示。

图8-63　素材文件效果

02 按快捷键8打开"环境和效果"对话框，在"大气"卷展栏下单击"添加"按钮，在弹出"添加大气效果"对话框中选择添加"体积光"效果，如图8-64所示。

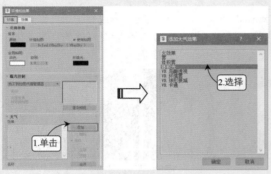

图8-64　添加"体积光"效果

03 在"体积光参数"卷展栏中激活"拾取灯光"工具，在视口中单击选择上一步骤创建的灯光，如图8-65所示。

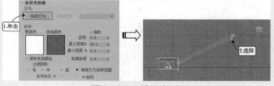

图8-65　拾取灯光

04 在"体积光参数"卷展栏的"体积"选项组中单击"雾颜色"色样，在"颜色选择器"对话框中选择偏暖颜色，如图8-66所示。

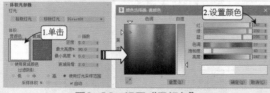

图8-66　设置"雾颜色"

05 然后，设置"密度"为3.8，"过滤阴影"选择"中"，并提高采样率以获得更高质量的体积光渲染，如图8-67所示。

图8-67　设置体积光参数

06 CG场景的原始渲染效果如图8-68所示，添加"体积光"后的渲染效果如图8-69所示。

图8-68　CG场景原始渲染效果

图8-69　添加"体积光"效果后的渲染效果

8.2 效果

进入3ds Max 2020软件界面，按快捷键8，调出如图8-70所示的"环境和效果"对话框，在其中选择"效果"选项卡，单击"效果"列表右侧的"添加"按钮，在弹出的"添加效果"对话框中显示了系统所包含的一系列效果类型，如图8-71所示，包括"毛发和毛皮""镜头效果"和"模糊"等。选择其中的1种效果类型，单击"确定"按钮可将其添加到"效果"列表中。

图8-70　"环境和效果"对话框

图8-71　"添加效果"对话框

8.2.1 镜头效果 ☆难点☆

"镜头"效果可以模拟照相机拍照时镜头所产生的光晕效果，这些效果包括光晕、光环、射线、条纹等，其参数设置面板如图8-72所示。

图8-72 "镜头效果参数"卷展栏

下面通过实例来介绍"镜头"效果的使用。

【练习8-7】：用镜头效果制作壁灯效果

01 打开素材"第8章\8-7用镜头效果制作壁灯效果.max"文件，其中已创建好一个壁灯对象，如图8-73所示，原始场景的渲染效果如图8-74所示。

图8-73 素材文件效果　　图8-74 原始场景渲染效果

02 在"主工具"栏中单击"渲染设置"按钮，在打开"渲染设置"对话框中选择"渲染器"为"V-Ray Next,update 3"，在"V-Ray"选项卡的"帧缓存"卷展栏下，取消勾选"启用内置帧缓存（VFB）"复选框，如图8-75所示。

03 按快捷键8打开"环境和效果"对话框，在"效果"选项卡中单击"添加"按钮，选择添加"镜头效果"选项，如图8-76所示。

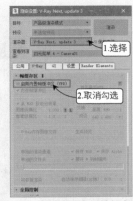

图8-75 取消勾选"启用内置帧缓存（VFB）"

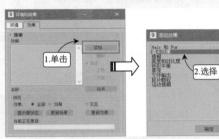

图8-76 添加"镜头效果"

04 在"镜头效果全局"卷展栏的"参数"选项卡中激活"拾取灯光"工具，单击拾取场景中的2盏泛光灯，如图8-77所示。

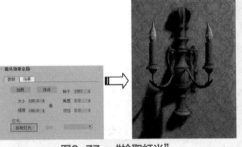

图8-77 "拾取灯光"

05 在"镜头效果参数"卷展栏中选择"光晕"效果，单击"发送"按钮，然后在"光晕元素"卷展栏中，设置"大小"为50、"强度"和"阻光度"为100、"使用源色"为30，在"径向颜色"组单击"外部色样"按钮，设置光晕的外部颜色为淡黄色，如图8-78所示。此时壁灯的渲染效果如图8-79所示。

06 在"镜头效果全局"卷展栏的"参数"选项卡中，设置"强度"为300，强化"镜头"效果后的壁灯渲染效果如图8-80所示。

图8-78 添加"光晕"效果

图8-79 壁灯
渲染效果

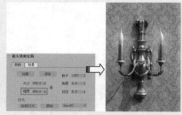

图8-80 设置"镜头效果全局"参数

07 继续添加"星形"镜头效果,在"星形元素"卷展栏下设置"锥化"为10,如图8-81所示,此时壁灯的渲染效果如图8-82所示。

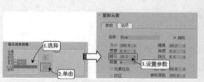

图8-81 添加"星形"镜头效果

图8-82 壁灯渲染效果

08 最后添加"光晕"镜头效果,设置"光晕元素"名称为"Glow"、"大小"为200、"强度"为20、"阻光度"和"使用源色"为100,如图8-83所示。壁灯光晕最终的渲染效果如图8-84所示。

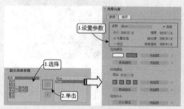

图8-83 添加"光晕"镜头效果

图8-84 壁灯最终渲染效果

8.2.2 模糊

使用"模糊"效果可以通过3种不同的方法使图像变模糊,分别为均匀型、方向型和放射型。"模糊"效果根据"像素选择"面板中所做的选择应用于各个像素,可以使整个图像变模糊,使非背景场景元素变模糊,按亮度值使图像变模糊,或使

用贴图遮罩使图像变模糊。"模糊"效果通过渲染对象或摄影机移动的幻影,提高动画的真实感,如图8-85所示。

图8-85 "模糊"效果

下面通过实例来介绍"模糊"效果的使用。

【练习 8-8】：用模糊效果制作烛火

01 打开素材"第8章\8-8用模糊效果制作烛火效果.max",素材文件中包含几个蜡烛对象,如图8-86所示。

图8-86 素材文件效果

02 按快捷键8打开"环境和效果"对话框,在"效果"选项卡下单击"添加"按钮,选择添加"模糊"效果,如图8-87所示。

图8-87 添加"模糊"

03 按快捷键M打开"材质编辑器"对话框,选择一个空白的材质球,激活"从对象拾取材质"工具,在视图中拾取火苗材质,如图8-88所示。

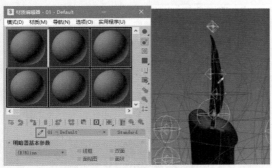

图8-88 "从对象拾取材质"

04 然后，长按"材质ID通道"按钮，在弹出材质ID通道编号选择"2"号通道，如图8-89所示。

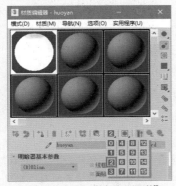

图8-89 设置"材质ID通道"

05 在"模糊参数"卷展栏的"像素选择"选项卡中，取消勾选"整个图像"复选框，在"材质ID"选项组中设置ID参数为2，单击"添加"按钮，设置"最小亮度（%）"为40、"最大亮度（%）"为100、"加亮（%）"为100、"混合（%）"为65、"羽化半径（%）"为30，如图8-90所示。

图8-90 设置"模糊参数"

06 按快捷键F10打开"渲染设置"对话框，设置"渲染器"类型为"扫描线渲染器"，如图8-91所示。

图8-91 设置"渲染器"

07 场景的原始渲染效果，如图8-92所示，添加"模糊"效果后的渲染效果如图8-93所示。

图8-92 原始渲染效果　　图8-93 添加"模糊"效果后的渲染效果

8.2.3 亮度和对比度

添加"亮度和对比度"效果后，可弹出如图8-94所示的"亮度和对比度参数"卷展栏，其中各选项含义如下。

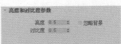

图8-94 "亮度和对比度参数"卷展栏

➤ 亮度：更改参数值可提高或降低图像的明度。

➤ 对比度：在该项中可通过增加或减小图像灰度级别来控制图像明暗变化。增大参数值，可减少图像的细节级别，使黑白过渡明显，产生强光照射的效果。

➤ 忽略背景：勾选该复选框，当前的参数设置不影响背景图像。

下面通过实例来介绍"亮度和对比度"效果的使用。

【练习8-9】：调整场景的亮度与对比度

01 打开素材"第8章\8-9调整场景的亮度与对比度.max",其中已创建好一个桌球场景,如图8-95所示。

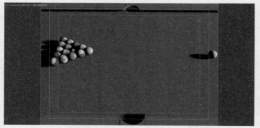

图8-95　素材文件效果

02 按快捷键8打开"环境和效果"对话框,在"效果"选项卡下单击"添加"按钮,选择添加"亮度和对比度"效果,如图8-96所示。

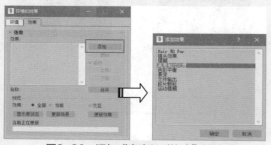

图8-96　添加"亮度和对比度"效果

03 然后,在"亮度和对比度参数"卷展栏中设置"亮度"和"对比度"参数都为0.7,如图8-97所示。

图8-97　设置"亮度和对比度"

04 桌球的原始渲染效果如图8-98所示,添加"亮度和对比度"效果后,桌球的渲染效果如图8-99所示。

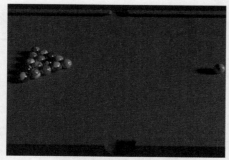

图8-98　原始渲染效果

图8-99　添加"亮度和对比度"效果后的渲染效果

8.2.4　色彩平衡☆难点☆

添加"色彩平衡"效果后,可显示如图8-100所示的"色彩平衡参数"卷展栏,其中各选项含义如下。

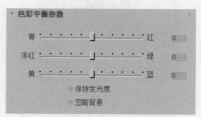

图8-100　"色彩平衡参数"卷展栏

➢ 青/红:通过调整滑块位置及选项框中的参数来调整红色通道的色值,如图8-101所示。

图8-101　不同红色通道色值的效果

➢ 洋红/绿:通过调整滑块位置及选项框中的参数来调整绿色通道的色值。

➢ 黄/蓝:通过调整滑块位置及选项框中的参数来调整蓝色通道的色值。

➢ 保持发光度:勾选该复选框,则改变通道色值时不会影响颜色的亮度值。

➢ 忽略背景:勾选该复选框,则当前的参数设置不会影响背景图像。

下面通过实例来介绍"色彩平衡"效果的使用。

3ds Max+VRay动画及效果图制作从新手到高手

【练习8-10】：调整场景的色调

01 打开素材"第8章\8-10调整场景的色调.max"，素材文件中包含一个桌球场景，如图8-102所示。

图8-102　素材文件效果

02 按快捷键8打开"环境和效果"对话框，在"效果"选项卡下单击"添加"按钮，选择添加"色彩平衡"效果，如图8-103所示。桌球的原始渲染效果如图8-104所示。

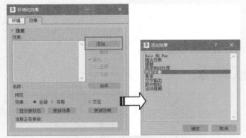

图8-103　添加"色彩平衡"效果

图8-104　原始渲染效果

03 在"色彩平衡参数"卷展栏下设置"青/红"和"黄/蓝"参数都为-25，如图8-105所示，此时桌球的渲染效果如图8-106所示。

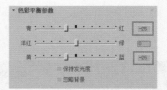

图8-105　设置"青/红"和"黄/蓝"为-25

图8-106　"青/红"和"黄/蓝"为-25时的渲染效果

04 重新设置"青/红"和"黄/蓝"参数都为25，如图8-107所示，此时桌球的渲染效果如图8-108所示。

图8-107　设置"青/红"和"黄/蓝"为25

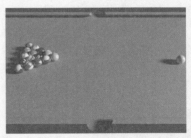

图8-108　"青/红"和"黄/蓝"为25时的渲染效果

8.2.5　胶片颗粒

添加"胶片颗粒"效果后，会弹出如图8-109所示的"胶片颗粒参数"卷展栏，其中各选项含义如下。

图8-109　胶片颗粒参数

➤　颗粒：在选项中设置添加到图像的颗粒数量。

➤　忽略背景：勾选该复选框，则当前的参数设置不会影响背景图像。

下面通过实例来介绍"胶片颗粒"效果的使用。

【练习8-11】：制作老电影画面效果

01 打开素材"第8章\8-11制作老电影画面效果.max"，素材文件中包含一个CG场景，如图8-110所示。

图8-110　素材文件效果

02 按快捷键8打开"环境和效果"对话框，在"效果"选项卡下单击"添加"按钮，选择添加"胶片颗粒"效果，如图8-111所示，在"胶片颗粒参数"卷展栏中设置"颗粒"参数为0.5，如图8-112所示。

图8-111　添加"胶片颗粒"效果

图8-112　设置"胶片颗粒"参数

03 CG场景的原始渲染效果如图8-113所示，添加"胶片颗粒"效果后的渲染效果如图8-114所示。

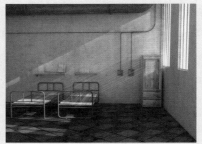

图8-113　原始渲染效果

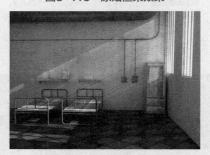

图8-114　添加"胶片颗粒"后的渲染效果

知识拓展

在现实世界中，所以舞台都不是独立存在的，而是存在于一定的环境中，例如现实生活中最常见的环境有闪电、风暴、大气、沙尘、水雾等，因此环境对于场景的氛围构建来说是必不可少的一部分。在3ds Max中，可以为场景添加诸如云、雾、火、体积雾、体积光之类的环境特效，以达到更佳的渲染效果。

拓展训练

运用本章所学的知识，调整场景的亮度和对比度，并添加"体积光"效果，使素材文件达到如图8-115所示的阳光透射效果。

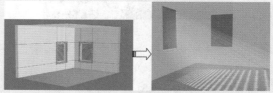

图8-115　拓展训练——制作阳光透射效果

第9章
灯光/材质/渲染综合运用

渲染是在3ds Max中制作模型的最后一个步骤，通过对场景进行着色，以完成作品的制作。渲染运算完成后，可以将虚拟的三维场景投射到二维平面上，以形成视觉上的三维效果。

─── 学 习 重 点 ───

➢ 显示器的校色　　　　➢ 其他软件　　　　➢ V-Ray渲染器

9.1　显示器的校色

一张作品的效果是否完美除了本身的质量以外，还有一个很重要的因素，那就是显示器的颜色是否准确。显示器的颜色是否准确决定了最终的打印效果，但现在的显示器品牌太多，每一种品牌的色彩效果都不尽相同，不过原理都一样，这里就以CRT显示器来介绍一下如何校正显示器的颜色。

CRT显示器是以RGB颜色模式来显示图像的，其显示效果的影响因素除了自身的硬件因素以外还有一些外在的因素，例如近处电磁干扰可以使显示器的屏幕发生抖动现象，而铁的靠近也可以改变显示器的颜色。

下面以Photoshop作为调整软件来学习显示器的校色方法。

9.1.1　调节显示器的对比度

在显示器上有相对应的对比度调整按钮，一般情况下，显示器的对比度调到最高为宜，这样就可以表现出效果图中的细微细节。

9.1.2　调节显示器的亮度

首先将显示器中的颜色模式调成sRGB模式，如图9-1所示，然后在Photoshop中执行"编辑"→"颜色设置"菜单命令，打开"颜色设置"对话框，接着将RGB模式也调成sRGB，如图9-2所示，这样Photoshop就与显示器中的颜色模式相同，接着将显示器的亮度调到最低。

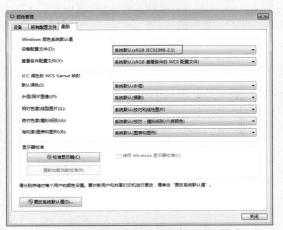

图9-1　将显示器颜色模式调为sRGB模式

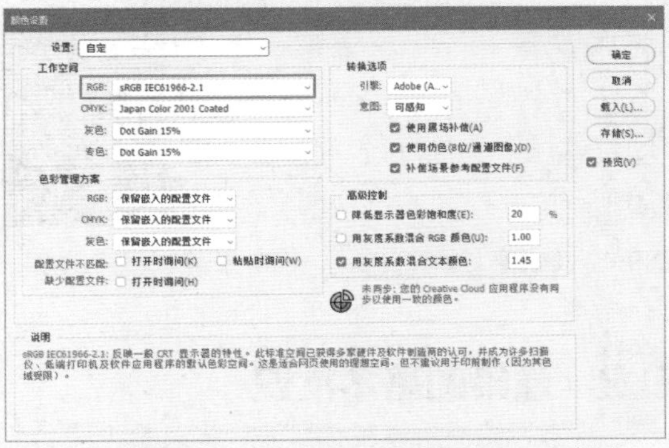

图9-2　将Photoshop颜色模式调为sRGB模式

在Photoshop中新建一个空白文件，并用黑色填充"背景"图层，然后使用"矩形选框工具"选择填充区域的一半，接着执行"图像"→"调整"→"色相/饱和度"命令，或按快捷键Ctrl＋U打开"色相/饱和度"对话框，设置"明度"为3，如图9-3所示。最后观察选区内和选区外的明暗变化，如果被调区域依然是纯黑色，这时可以调整显示器的亮度，直到两个区域的亮度有细微的区别，这样就调整好了显示器的亮度，如图9-4所示。

图9-3 设置"明度"为3

图9-4 调整亮度

9.1.3 调节显示器的伽玛值

伽玛值是曲线的优化调整，是亮度和对比度的辅助功能，强大的伽玛功能可以优化和调整画面细微的明暗层次，同时还可以控制整个画面的对比度。设置合理的伽玛值，可以得到更好的图像层次效果和立体感，大大优化画面的画质、亮度和对比度，校对伽玛值的正确方法如下。

新建一个Photoshop空白文件，然后使用颜色值为（R：188，G：188，B：188）的前景色填充"背景"图层，（设置好前景色后，按快捷键Alt＋Delete可以对图层填充颜色），接着使用选区工具选择一半区域，并对选择区域填充白色，如图9-5所示，最后在白色区域中每隔1个像素加入一条宽度为1像素的黑色线条，如图9-6所示为放大后的效果。从远处观察，如果两个区域内的亮度相同，说明显示器的伽玛是正确的；如果不相同，可以使用显卡驱动程序软件来对伽玛值进行调整。

图9-5 选择区域填充白色

图9-6 加入黑色线条

9.2 渲染的基本常识

在对模型进行渲染输出时，有多种渲染器可供选择，用户可根据实际使用需求选择适用的渲染器。使用不同的渲染工具，可以得到不同的渲染效果，"渲染设置"对话框中的属性参数会影响最终的输出效果。

9.2.1 渲染器的类型

渲染场景的引擎有很多种，例如V-Ray渲染器、Renderman渲染器、mental ray渲染器、Brazil渲染器、FinalRender渲染器、Maxwell渲染器和Lightscape渲染器等。

3ds Max2020默认的渲染器有Quicksilver硬件渲染器、ART渲染器、扫描线渲染器、VUE文件渲染器和Arnold，如图9-7所示。

安装V-Ray渲染器之后可以使用V-Ray渲染器来渲染场景，如图9-8所示。当然也可以安装一些其他的渲染插件，例如Renderman、Brazil、FinalRender、Maxwell和Lightscape等。

图9-7 默认渲染器

图9-8 选择V-Ray渲染器

9.2.2 渲染工具

渲染工具按钮位于主工具栏的右上角，如图9-9所示，单击该按钮可以调用相应的渲染工具，其中各工具按钮介绍如下。

➢ 渲染设置 ：单击该按钮，打开如图9-10所示的"渲染设置"对话框，在此可以完成各项渲染参数的设置。

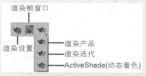
图9-9 渲染工具

图9-10 "渲染设置"对话框

> 渲染帧窗口 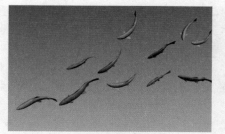 ：单击该按钮，系统弹出"渲染帧窗口"对话框，其中会显示图形的渲染结果。

> 渲染产品 ：单击该按钮，可使用当前的产品级渲染设置来对场景进行渲染操作。

图9-12 打开素材

9.3 扫描线渲染器

"扫描线渲染器"是一种多功能渲染器，可以将场景渲染为从上到下生成的一系列扫描线，其渲染速度特别快，但是渲染功能不强。

按快捷键F10打开"渲染设置"对话框，3ds Max默认的渲染器是"扫描线渲染器"，如图 9-11 所示。

图9-11 "渲染设置：扫描线渲染器"对话框

【练习9-1】：用"默认扫描线渲染器"渲染水墨画

① 打开本书附带资源"第9章\9-1用默认扫描线渲染器渲染水墨画.max"文件查看素材，如图9-12所示。

② 在主工具栏中单击"材质编辑器"按钮 ，打开"材质编辑器"对话框，再单击"漫反射"后面的按钮 调出"材质/贴图浏览器"对话框，在其中给漫反射指定一个"衰减"的贴图，创建半透明的材质，如图9-13所示。

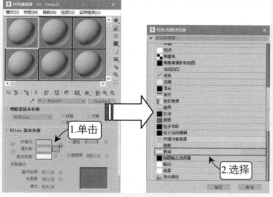

图9-13 设置漫反射贴图

③ 在"混合曲线"卷展栏中调整曲线的弧度，控制衰减曲线所产生的渐变效果，如图9-14所示。

④ 单击"转到父对象按钮" 回到上一层级，在"Blinn基本参数"卷展栏下，单击漫反射后面的按钮 ，"复制"衰减贴图，如图9-15所示。

⑤ 单击"高光反射"后面的按钮 ，以"粘贴（实例）"的方式粘贴衰减贴图，如图9-16所示。

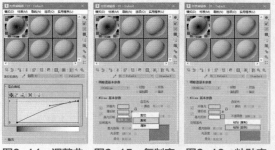

图9-14 调整曲　图9-15 复制衰　图9-16 粘贴衰
　线弧度　　　　减贴图　　　　减贴图

⑥ 使用相同的方法，为"不透明度"选项添加衰减贴图，如图9-17所示。

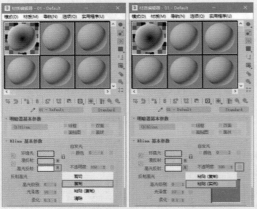

图9-17 为不透明度选项添加衰减贴图

⑦ 在反射高光面板中设置高光级别为"50"，设置光折度为"30"，设置好材质后，选择场景中的鱼，单击"将材质指定给选定对象"按钮🔲指定材质，并单击"背景"按钮🔲将其转化为背景，如图9-18所示。

⑧ 在主工具栏单击"渲染设置"按钮🔲设置出图参数，设置渲染器为"扫描线渲染器"。设置输出大小"宽度"为1000、"高度"为500，并单击"渲染"按钮进行渲染，如图9-19所示。

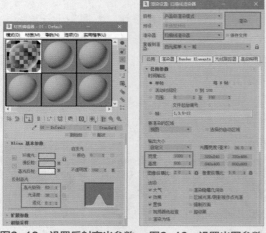

图9-18 设置反射高光参数　图9-19 设置出图参数

⑨ 渲染效果如图9-20所示，可以看到鱼有水墨的效果。

⑩ 单击保存图像按钮🔲，设置保存类型为".png"格式，设置文件名为"水墨画"，并单击"保存"按钮将渲染的图像保存，如图9-21所示。

图9-20 查看渲染效果

图9-21 保存图像

⑪ 下面使用Photoshop软件，为鱼合并一个水墨背景画，使水墨画更逼真。使用Photoshop软件，打开"水墨画"和"背景"图片文件，如图9-22所示。

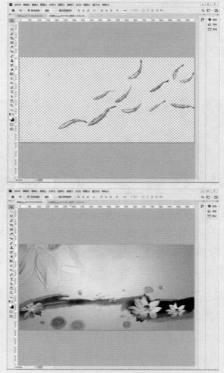

图9-22 打开"水墨画"和"背景"图片文件

⑫ 单击左侧工具栏中的移动工具按钮✥，拖动其中一张图片移动到另一张图片当中，并将背景图层放置在鱼图层的下面，如图9-23所示。

图9-23 调整图层位置

⑬ 再使用Photoshop软件将"水墨画"和"背景"图像合并，得到的逼真的水墨效果如图9-24所示。

图9-24 最终效果

9.4 VRay渲染器

VRay渲染器以插件的形式应用在3ds Max、Maya、SketchUp等软件中，可以真实地模拟现实光照，且操作简单，可控性较强，被广泛应用于建筑表现、装饰设计、动画制作等领域中，如图 9-25、图9-26所示。

图9-25 建筑表现

图9-26 装饰设计

9.4.1 选项卡

在V-Ray选项卡中包含了控制渲染的各种参数，是比较重要的参数模块，如图9-27所示。

图9-27 选项卡

选项卡中各卷展栏的说明如下。

➢ 帧缓存区：用于控制VRay的缓存，设置渲染元素的输出、渲染的尺寸等，当开启VRay帧缓存后，3ds Max自身的帧缓存会自动关闭，如图9-28所示。

图9-28 "帧缓存区"卷展栏

➢ 全局控制：对VRay渲染器的各种效果进行开、关控制，包括几何体、灯光、材质、间接照明、光线跟踪、场景材质替代等，在渲染调试阶段较为常用，如图9-29所示。

图 9-29　"全局控制"卷展栏

➤ 图像采样器（抗锯齿）：分为"默认""高级"和"专家"3种模式，其具体参数设置如图9-30所示。

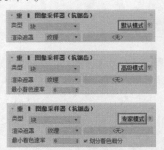

图 9-30　"图像采样器（抗锯齿）"卷展栏

◆ 若切换图像采样的"类型"，将会在如图 9-31 所示的在"VRay选项卡"内添加对应的独立卷展栏进行采样细节的控制。

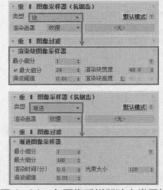

图 9-31　各图像采样器独立卷展栏

➤ 环境：该卷展栏用于控制开启VRay环境，以替代3ds Max环境设置。"环境"卷展栏由4部分组成，分别是GI环境（全局照明环境）、反射/折射环境、折射环境和二次无光环境，如图9-32所示。

图9-32　"环境"卷展栏

➤ 颜色映射：该卷展栏中的参数就是曝光模式，主要控制灯光方面的衰减以及色彩的不同模式，如图 9-33所示。

图9-33　"颜色映射"卷展栏

➤ 相机：控制摄影机镜头的类型、景深和运动模糊效果，如图 9-34所示。

9.4.2　间接照明选项卡

间接照明面板是VRay很重要的部分，可以打开和关闭全局光效果。全局光照引擎也是在这里选择，不同的场景材质对应不同的运算引擎，正确设置可以使全局光计算速度更加合理，使渲染效果更加出色，如图 9-35所示。

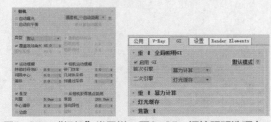

图9-34　"相机"卷展栏　　图9-35　间接照明选项卡

选项卡中的主要参数说明如下。

➤ 全局照明GI：控制全局照明的开、光和反射的引擎，在选择不同的GI引擎时会出现相应的参数设置卷展栏，共提供了3种GI引擎，如图9-36所示。

◆ 发光贴图：当选择发光贴图为当前GI引擎时会出现此面板，用于控制发光贴图参数设置，也是最为常用的一种GI引擎，效果和速度都不错，如图9-37所示。

图9-36　全局照明　　　图9-37　发光贴图

> 焦散：该卷展栏用于控制焦散效果，在V-Ray渲染器中产生焦散的条件包括必须有物体设置为产生和接收焦散、要有灯光、物体要被指定反射或折射材质，如图9-38所示。

9.4.3 设置选项卡

设置选项卡主要用来控制VRay的系统设置、置换、DMC采样，如图9-39所示。

图9-38 焦散 　　图9-39 设置选项卡

设置选项卡中的主要参数说明如下。

> 默认置换：用于控制VRay置换的精度，在物体没有被指定V-Ray置换修改器时有效，如图9-40所示。
> 系统：主要对VRay整个系统进行一些设置，包括内存控制、渲染区域、分布式渲染、水印、物体与灯光属性等设置，如图9-41所示。

图9-40 默认置换 　　图9-41 系统

【练习 9-2】：VRay渲染之室内日景表现

① 打开本书附带资源"第9章\9-2 VRay渲染之室内日景表现.max"文件查看素材，如图9-42所示。

图9-42 打开素材

② 在主工具栏单击"渲染设置"按钮，设置出图参数。设置渲染器为"V-Ray Next,update 3"，使用VRay渲染器渲染室内场景，如图9-43所示。

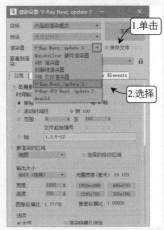

图9-43 设置渲染器方式

③ 设置输出大小的"宽度"为1280、"高度"为720，根据客户需求设置出图大小，如图9-44所示。

图9-44 设置出图尺寸

④ 切换至V-Ray面板，在"图像采样器（抗锯

齿)"卷展栏下设置类型为"块"。VRay有2种
方法对图像进行采样,选择"块"采样器时渲染
时间快,渲染质量好,如图9-45所示。

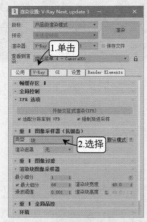

图9-45 设置图像采样器类型

⑤ 在"图像过滤"卷展栏下设置图像过滤器为
"Catmull-Rom"。Catmull-Rom是常用的出
图过滤器,能够增加边缘的清晰度,使图像锐
化,带来硬朗锐利的感觉,如图9-46所示。

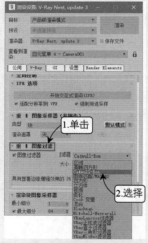

图9-46 设置图像过滤器方式

⑥ 在"渲染块图像采样器"卷展栏下设置"最
大细分"为48、"噪波阀值"为0.001,噪波阈
值参数越小,渲染效果图清晰度越高,但渲染速
度越慢,如图9-47所示。

⑦ 在"颜色映射"卷展栏下设置类型为"指
数",控制图像的曝光方式,"指数"使图像的
饱和度\对比度\层次感有所降低,但是不会造成
曝光,如图9-48所示。

图9-47 设置采样器方式

图9-48 设置颜色映射方式

⑧ 切换至GI面板,在"全局光照"卷展栏下设
置首次引擎为"发光贴图",二次引擎为"灯光
缓存",这是渲染室内效果图最常用的搭配方
式,如图9-49所示。

图9-49 设置全局光照参数

⑨ 在"发光贴图"卷展栏下设置"最小速率"
为-3、"最大速率"为-1、"细分"为60、
"插值采样"为30,光子贴图是针对场景中的灯

3ds Max+VRay动画及效果图制作从新手到高手

光密度来进行计算的，需要设置灯光的属性来控制对场景的照明计算，如图9-50所示。

图9-50　设置发光贴图参数

⑩ 在灯光缓存卷展栏下设置"细分"为1500，用来决定灯光缓存的样本数量，数值越高，效果越好，速度越慢，如图9-51所示。

图9-51　设置灯光缓存参数

⑪ 在渲染设置面板中单击"渲染"按钮，将室内场景渲染出来，效果如图9-52所示。

图9-52　查看渲染效果

知识拓展

　　渲染的最终目的是得到极具真实感的模型，因此渲染所要考虑的事物也很多，包括灯光、视点、阴影、模型布局等。在前面的章节中已经对这些内容进行了讲解，接下来只需执行渲染操作即可。

　　使用3ds Max进行渲染工作必然会接触到一个插件，即V-Ray渲染器。该渲染器提供了一套专业的渲染工具组，可以根据需求来进一步完善渲染细节，也可以快速渲染当前视图来进行预览，还可以设置渲染输出的图形格式，设置得当便可以获得接近照片般真实的图片效果。此外，本章还介绍了另外一种在界内较为常见的效果图制作方法（练习9-1），即使用3ds Max生成初步的效果图，然后结合Photoshop等图片后期软件进行精修，这种方法同样也能达到非常逼真的图片效果。

拓展训练

　　运用本章所学的知识，利用位图贴图制作书本材质，使其达到如图9-53所示的效果。

图9-53　拓展训练1——利用位图贴图制作书本材质

　　运用本章所学的知识，利用棋盘格贴图制作手提包材质，使其达到如图9-54所示的效果。

图9-54　拓展训练2——利用棋盘格贴图制作手提包材质

动画篇

第10章
粒子与空间扭曲

3ds Max中的粒子系统可以生成粒子对象，能真实地模拟雪、雨、灰尘等效果。空间变形功能可以辅助三维形体产生特殊的变形效果，创建出涟漪、波浪和风吹等效果。将粒子系统与空间变形结合使用可创建出丰富的动画效果。

---- 学 习 重 点 ----

➤ 粒子系统的使用方法   ➤ 空间变形的使用方法

10.1 粒子对象

粒子系统可用于各种动画任务，但主要还是在使用程序方法为大量的小型对象设置动画时使用，例如创建暴风雪、水流或爆炸效果。3ds Max提供了2种不同类型的粒子系统，分别为事件驱动和非事件驱动。事件驱动粒子系统，又称为粒子流，可以测试粒子属性，并根据测试结果将其发送给不同的事件，当粒子位于事件中时，每个事件都指定粒子的不同属性和行为。在非事件驱动粒子系统中，粒子通常在动画过程中显示一致的属性。

通常情况下，对于简单动画，例如下雪或喷泉，使用非事件驱动粒子系统进行设置要更为快捷和简便。对于较复杂的动画，例如随时间生成不同类型粒子的爆炸（例如碎片、火焰和烟雾），使用"粒子流"可以获得更大的灵活性和可控性，如图10-1所示为粒子系统列表。

图10-1 粒子系统列表

10.1.1 粒子流源

粒子流源是最常用的粒子发射器，可模拟多种粒子效果，默认显示为带有中心徽标的矩形，如图

10-2所示为顶视图及透视图中粒子流的创建结果。

图10-2 粒子流源

选择视图中的粒子流，进入"修改"面板，"粒子流源"参数设置面板如图10-3所示，包含"设置""发射""选择"等卷展栏。

图10-3 参数设置面板

【练习10-1】：制作烟花效果

① 打开"第10章\10-1制作烟花效果.max"文件，场景中有布置好的环境贴图及相关动力学装置，如图10-4所示。

图10-4　打开文件

② 单击"创建"→"几何体"→"粒子系统"中的"粒子流源"按钮，在视图中创建一个粒子流源，在"修改"面板的"发射"卷展栏中设置"徽标大小"为50、"长度"为100、"宽度"为100，如图10-5所示。

图10-5　创建粒子流源

◎提示·◎

为了便于视图观察，可执行"视图"→"视口背景"→"渐变颜色"命令将背景进行隐藏。

③ 使用旋转工具将粒子流源发射的方向朝上，单击"标准基本体"中的"球体"按钮，在粒子流源位置处创建一个球体，设置"半径"为4，如图10-6所示。

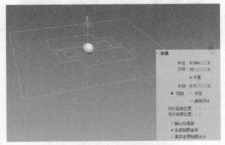
图10-6　创建球体

④ 选择粒子流源对象，单击"修改"面板中的"粒子视图"按钮，在弹出"粒子视图"对话框中选择"出生001"，在右侧的参数列表中设置"发射停止"为0、"数量"为2000，如图10-7所示。

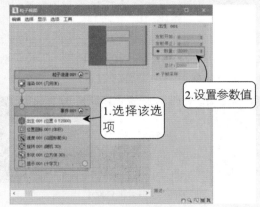
图10-7　设置出生参数

⑤ 分别在其中选择"形状001"和"显示001"两个选项进行参数调节，如图10-8所示。

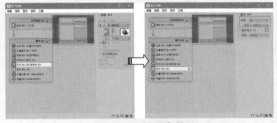
图10-8　设置参数

⑥ 按住左键将列表下侧中的"位置对象001"和"碰撞001"添加至事件中，并对其中的参数进行设置，如图10-9所示。

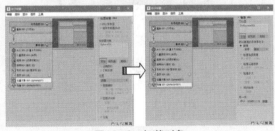
图10-9　加载对象

◎提示·◎

分别为添加的选项加载场景中的对象，"位置对象"加载创建的球体的对象，"碰撞"加载场景中的导向板，如图10-10所示。

图10-10 添加对象

07 拖动时间滑块可以发现粒子已经发生了相应的效果，使用同样的方法制作出另一个粒子流源，最终效果如图10-11所示。

图10-11 烟花效果

"喷射"粒子系统的参数设置面板如图10-12所示，该粒子系统一般被用来模拟雨和喷泉效果，在视图中的创建效果如图10-13所示。

图10-12 "喷射"粒子参数设置面板

图10-13 "喷射"粒子

【练习 10-2】：制作雨夜效果

01 按快捷键Ctrl+N新建一个场景，再按快捷键8打开"环境和效果"对话框，在"环境贴图"通道中加载一张背景贴图，如图10-14所示。

图10-14 添加环境贴图

02 单击"创建"→"几何体"→"粒子系统"中的"喷射"按钮，在视图中创建一个喷射粒子发射器，如图10-15所示。

图10-15 创建喷射粒子发射器

03 选择喷射粒子发射器，在"修改"面板中，对各参数进行设置，如图10-16所示。

图10-16 设置参数

04 选择动画效果最明显的时间帧，进行渲染，效果如图10-17所示。

图10-17 雨夜效果

"雪"粒子系统参数设置面板如图10-18所示，该粒子系统一般用来模拟雪花飘落或纸屑的洒落等动画效果，在视图中的创建效果如图10-19所示。

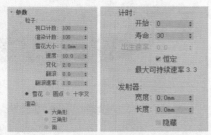

图10-18　"雪"粒子系统参数设置面板

图10-19　"雪"粒子系统创建效果

"雪"粒子系统参数设置面板中各选项含义如下。

➤ 雪花大小：设置雪花粒子的大小。

➤ 翻滚：其中的参数值代表雪花粒子的随机旋转量。

➤ 翻滚速率：设置雪花的旋转速度。

➤ 雪花/圆点/十字叉：选择雪花在视图中的显示方式。

➤ 六角形：选择该项，可以将雪花渲染成六角形。

➤ 三角形：选择该项，可以将雪花渲染成三角形。

➤ 面：选择该项，可将雪花渲染成正方形面。

【练习10-3】：制作雪景效果

01 按快捷键Ctrl+N新建一个场景，再按快捷键8打开"环境和效果"对话框，在"环境贴图"通道中加载一张背景贴图，如图10-20所示。

图10-20　添加环境贴图

02 单击"创建"→"几何体"→"粒子系统"中的"喷射"按钮，在视图中创建一个喷射粒子发射器，如图10-21所示。

图10-21　创建喷射粒子发射器

03 选择喷射粒子发射器，在"修改"面板中，对各参数进行设置，如图10-22所示。

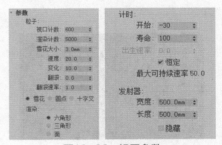

图10-22　设置参数

04 选择动画效果最明显的时间帧，进行渲染，效果如图10-23所示。

图10-23　雪景效果

10.1.4　超级喷射

"超级喷射"粒子系统的参数设置面板如图10-24所示，该粒子系统可以制作暴雨及喷泉等效果，在视图中的创建效果如图10-25所示。

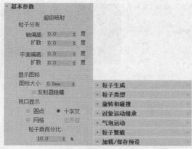

图10-24 "超级喷射"参数设置面板

图10-25 "超级喷射"粒子效果

【练习 10-4】：制作蚊香烟雾特效

01 打开本书附带资源"第10章\10-4制作蚊香烟雾特效.max"文件查看素材，如图10-26所示。

图10-26 打开素材

02 单击"创建"→"几何体"→"粒子系统"中的"超级喷射"按钮，在视口中创建一个超级喷射图标，并将创建的喷射图标调整到烟头的位置，如图10-27所示。

03 在名称和颜色栏中单击"色块" ■ 按钮，在弹出的"对象颜色"对话框中选择白色，使粒子接近烟雾的颜色。选定后单击"确定"按钮，如图10-28所示。

图10-27 创建超级喷射粒子

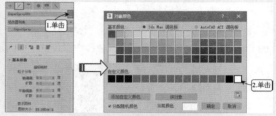

图10-28 选择对象颜色

04 在时间轴上拖动时间滑块查看烟雾动画，此时所看到的是"超级喷射"默认设置的效果，如图10-29所示。

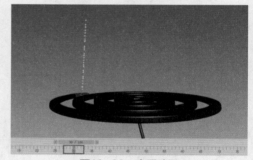

图10-29 查看动画

05 在"基本参数"栏中设置"扩散值为"2，粒子将不会完全在一条直线上移动。设置"粒子数百分比"为100%，增加粒子数量，如图10-30所示。

06 在"粒子生成"栏中设置"使用速率"设置为30、粒子运动"速度"为20.0cm，使烟雾运动速度变慢。默认的动画长度为100帧，所以设置"发射停止""显示时限"和"寿命"值都为100，粒子将在第100帧后停止。设置粒子"大小"为15.0cm、"增长耗时"为30，如图10-31所示。

07 查看效果对比。在主工具栏单击"渲染产品"按钮 ■ 渲染图片。视口中的粒子数量比原来的增多并在上升过程中扩散，渲染出来的粒子呈三角形，如图10-32所示。

3ds Max+VRay动画及效果图制作从新手到高手

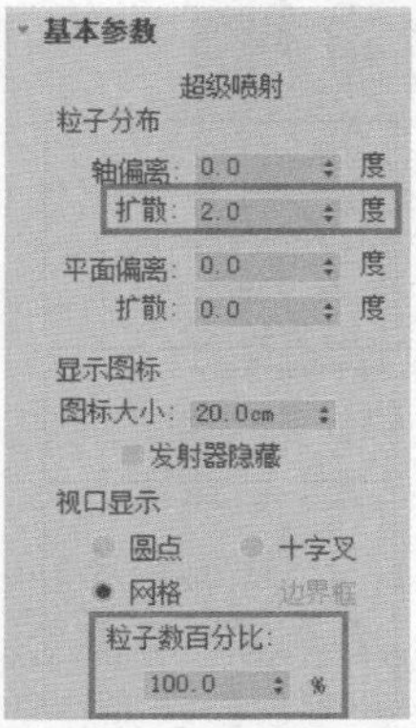

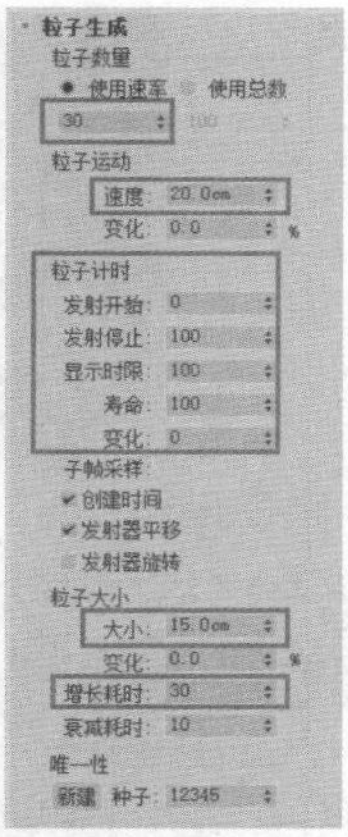

图10-30　设置基本参数　　图10-31　设置粒子生成

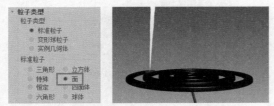

图10-32　查看效果对比

⑧ 在粒子类型中设置粒子类型为"面"。面是方形粒子，始终朝向摄影机，如图10-33所示。

⑨ 单击"渲染"按钮渲染图像，此时的粒子渲染为实体，看起来不真实，如图10-34所示。

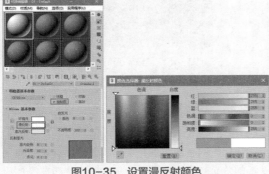

图10-33　选择粒子类型　　图10-34　查看效果

⑩ 在主工具栏中单击材质编辑器按钮打开材质编辑器。将"漫反射"颜色设置为纯白色，启用"面贴图"，对面粒子进行着色，如图10-35所示。

图10-35　设置漫反射颜色

⑪ 设置"不透明度"为0，单击"不透明度"后面的按钮调出材质浏览器，给不透明度指定"渐变"材质，如图10-36所示。

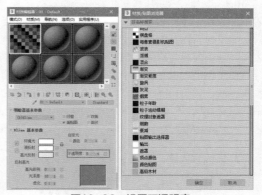

图10-36　设置不透明度

⑫ 设置渐变类型为"径向"，此时的材质球已经变成了网状。在视口中选择粒子对象，单击"将材质指定给选定对象"按钮将材质指定给粒子对象，如图10-37所示。

⑬ 单击"转到父对象按钮"回到上一层级，在贴图栏下，将贴图的"不透明度"设置为5，如图10-38所示。

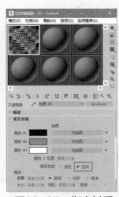

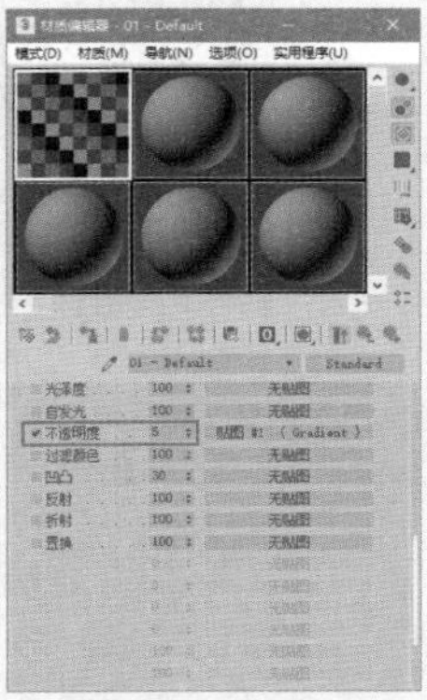

图10-37　指定材质　　图10-38　设置不透明度

⑭ 在主工具栏中单击"渲染产品"按钮渲染图像，此时的烟雾变得非常柔软，如图10-39所示。

图10-39　查看效果

10.1.5 暴风雪

"暴风雪"粒子系统的参数设置面板如图10-40所示，其主要用于设置类似于雨、雪的粒子效果，该粒子系统可以理解为高级的"雪"粒子系统。其发射器图标的位置和尺寸决定了粒子发射的方向，且不能自定义发射器，也不能使用"粒子碎片"粒子类型，其他部分参数与"粒子阵列"粒子系统相同，如图10-41所示为"暴风雪"系统在视图中的创建效果。

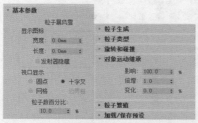

图10-40　"暴风雪"参数设置面板

图10-41　暴风雪效果

10.1.6 粒子阵列

"粒子阵列"系统的参数设置面板如图10-42所示，该系统可以创建复制对象的爆炸效果，如图10-43所示为"粒子阵列"系统在顶视图和透视图中的创建效果。

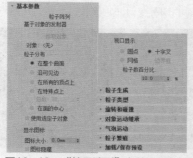

图10-42　"粒子阵列"参数设置面板

图10-43　"粒子阵列"创建结果

10.1.7 粒子云

"粒子云"系统的参数设置面板如图10-44所示，该系统可用来创建类似体积雾的粒子群。如图10-45所示为"粒子云"系统在顶视图和透视图中的创建效果，从中可以看出使用"粒子云"能将粒子限定在一个长方体（也可以是球体、圆柱体）内，或者限定在场景中拾取的对象的外形范围之内，但是二维对象不能使用"粒子云"系统。

图10-44　"粒子云"参数设置面板

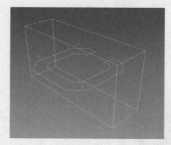

图10-45　"粒子云"创建效果

10.2 空间变形

使用空间变形可以模拟现实世界中存在的扭曲变形的效果，在命令面板上单击"空间扭曲"按钮

3ds Max+VRay动画及效果图制作从新手到高手

，再选择"空间扭曲"选项列表，可以看到其中提供了5种类型的空间扭曲，如图10-46所示。本节介绍"爆炸"及"涟漪"的使用方法。

图10-46 "空间变形"列表

10.2.1 爆炸变形

"爆炸"空间扭曲能把对象炸成许多单独的面。其卷展栏如图10-47所示，创建效果如图10-48所示。

图10-47 "爆炸参数"卷展栏

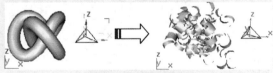

图10-48 爆炸效果

➢ 强度：设置爆炸力。较大的数值能使粒子飞得更远。对象离爆炸点越近，爆炸的效果越强烈。

➢ 自旋：设置碎片旋转的速率，以每秒转数表示。这也会受"混乱度"参数（使不同的碎片以不同的速度旋转）和"衰减"参数（使碎片离爆炸点越远时爆炸力越弱）的影响。

➢ 衰减：设置爆炸效果距爆炸点的距离，以世界单位数表示。超过该距离的碎片不受"强度"和"自旋"设置影响，但会受"重力"设置影响。

➢ 最小值：指定由"爆炸"随机生成的每个碎片的最小面数。

➢ 最大值：指定由"爆炸"随机生成的每个碎片的最大面数。

➢ 重力：指定由重力产生的加速度。注意重力的方向总是世界坐标系Z轴方向。重力可以为负。

➢ 混乱：增加爆炸的随机变化，使其不太均匀。设置为0.0时完全均匀；设置为1.0时具有真实感；设置为大于1.0的数值时会使爆炸效果特别混乱。数值范围为0.0~10.0。

➢ 起爆时间：指定爆炸开始的帧。在该时间之前绑定对象不受影响。

➢ 种子：改变爆炸中随机生成的数目。在保持其他设置的同时更改"种子"可以实现不同的爆炸效果。

【练习10-5】：制作手榴弹爆炸特效

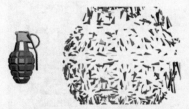

01 打开本书附带资源"第10章\10-5制作手榴弹爆炸特效.max"文件查看素材，如图10-49所示。

图10-49 打开素材文件

02 在粒子系统中单击"粒子阵列"按钮，在透视图创建一个粒子阵列，如图10-50所示。

图10-50 创建粒子阵列

03 单击"空间扭曲"按钮，在"力"栏中单击"粒子爆炸"按钮，在透视图创建一个粒子爆炸图标，如图10-51所示。

04 选择粒子爆炸图标，在主工具栏中单击"对齐对象"工具 ，然后在视口中拾取手榴弹对象，在弹出的"对齐当前选项（手榴弹）"对话框中选择对齐位置和对齐对象，最后单击"确认"按钮确定，如图10-52所示。

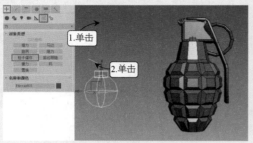

图10-51　创建粒子爆炸

图10-52　对齐对象

05 选择粒子爆炸图标，在主工具栏中单击"绑定到空间扭曲"按钮 ，单击粒子爆炸图标不放，拖动鼠标将其链接到粒子阵列图标上，如图10-53所示。

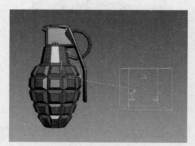

图10-53　绑定到空间扭曲

06 选择粒子阵列图标，单击"修改面板"按钮 ，此时的修改器堆栈栏中已经被添加了一个粒子爆炸绑定修改器。选择"PArray"选项，在基本参数栏中单击"拾取对象"按钮，然后在视口中拾取手榴弹对象，如图10-54所示。

07 拖动时间滑块，粒子爆炸图标飞出"十字架"粒子，如图10-55所示。

图10-54　拾取对象

图10-55　查看粒子

08 在基本参数栏中设置视口显示方式为"网格"，"速度"和"散度"都为0，粒子散开的速度会变慢，如图10-56所示。

图10-56　调整参数

09 因为时间轴默认为100帧，所以设置粒子"发射开始"时间为"30"，"发射停止""显示时限"和"寿命"都为100，粒子将在第100帧后停止。设置粒子类型为"对象碎片"，如图10-57所示。

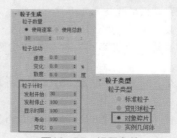

图10-57　设置参数

⑩ 查看效果。飞出的粒子显示成手榴弹的碎片，但是颜色与手榴弹的颜色不一样，而且爆炸的碎片排列都很整齐，爆炸的碎片也很厚，如图10-58所示。

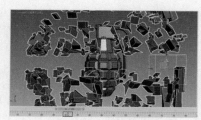

图10-58 查看效果

⑪ 在"粒子类型"卷展栏中设置对象碎片控制的"厚度"为"0.2"，爆炸出的粒子会变薄，如图10-59所示。

⑫ 在旋转和碰撞栏设置"自旋时间"为30，在"材质贴图和来源"选项组中设置材质来源为"拾取的发射器"，如图10-60所示。

图10-59 修改粒子厚度 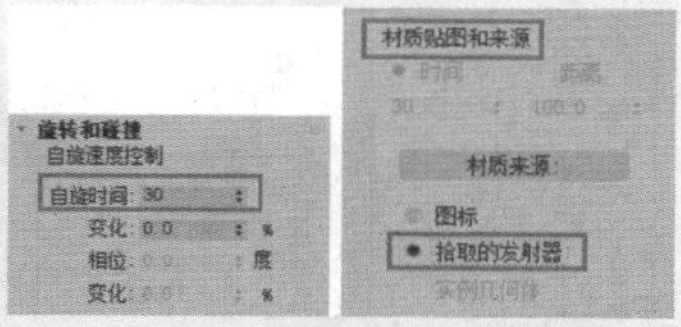　　图10-60 设置参数

⑬ 查看效果。此时手榴弹爆炸碎片的颜色与原本的手榴弹颜色一致，碎片也呈现出不规则的旋转，如图10-61所示。

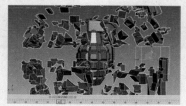

图10-61 查看效果

⑭ 单击"自动关键点"按钮打开自动关键点，将时间滑块移动到第30帧粒子开始发射的位置，如图10-62所示。

图10-62 打开自动关键点

⑮ 选择中间没有爆炸的手榴弹，右击调出"四元菜单"，选择"对象属性"打开属性面板，如图10-63所示。

⑯ 在"对象属性"面板中设置渲染控制的"可见性"为0，被选中的手榴弹将消失不见，如图10-64所示。

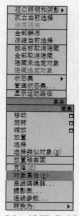 

图10-63 选择"对象属性" 图10-64 设置可见性

⑰ 设置可见性后，第0帧的位置会自动生成一个可见性为"1"的关键点，将关键点移动到第29帧的位置，如图10-65所示。让0~29帧对象没爆炸之前的对象一直为显示状态，到第30帧消失不见。

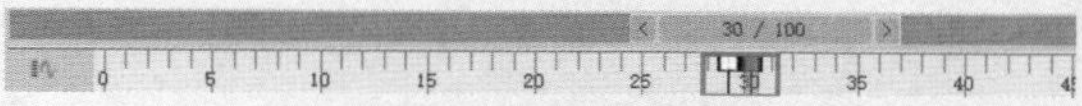

图10-65 移动关键点

⑱ 在主工具栏中单击"渲染产品"按钮进行渲染，如图10-66所示为手榴弹爆炸前、爆炸时和爆炸后图片效果。

图10-66 查看效果

10.2.2 涟漪变形

"涟漪"空间扭曲可以在整个世界空间中创建同心波纹，其参数设置面板如图10-67所示，创建效果如图10-68所示。

图10-67 "涟漪变形"参数设置面板

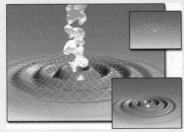

图10-68 涟漪效果

其卷展栏中各参数介绍如下。

- ➤ 幅度1：设定沿涟漪扭曲对象的局部X轴的涟漪振幅。振幅用活动单位数表示。
- ➤ 幅度2：设定沿涟漪扭曲对象的局部X轴的涟漪振幅。振幅用活动单位数表示。
- ➤ 波长：以活动单位数设定每个波的长度。
- ➤ 相位：从其在波浪对象中央的原点开始偏移波浪的相位。设置该参数的动画会使涟漪看起来像是在空间中传播。
- ➤ 衰退：当其设定为0.0时，涟漪在整个世界空间中有着相同的1个或多个振幅。增加"衰退"值会导致振幅从涟漪扭曲对象的所在位置开始随距离的增加而减弱。默认设置是0.0。
- ➤ 圆圈：设定涟漪图标中的圆圈数目。
- ➤ 分段：设定涟漪图标中的分段（扇形）数目。
- ➤ 折分：调整涟漪图标的大小，不会像缩放操作那样改变涟漪效果。

知识拓展

粒子系统作为单一的实体来管理特定的成组对象，通过将所有粒子对象组合成单一的可控系统，可以很容易地使用1个参数来修改所有对象，而且拥有良好的"可控性"和"随机性"。但是在创建粒子时会占用很大的内存空间，而且渲染速度会变慢，因此是否选用粒子系统在工作中需要多加留意。

"空间扭曲"从字面意思来看比较难懂，但可以将其比喻为一种控制场景对象运动的无形力量，例如重力、风力和推力等。使用空间扭曲可以模拟真实世界中存在的"力"效果，当然空间扭曲需要与粒子系统一起配合使用才能制作出动画效果。

拓展训练

运用本章所学的知识，选择合适的粒子系统，制作喷泉特效，如图10-69所示。

图10-69 拓展训练——制作喷泉特效

3ds Max+VRay动画及效果图制作从新手到高手

第11章
基础动画

3ds Max是非常强大的动画制作软件，默认状态下该软件设定动画每秒播放30个画面，这样可产生体积较大的动画文件。此外，3ds Max包括基本动画系统和骨骼动画系统，动画设计师可以运用这2种动画系统制作出优美逼真的动画作品。

───── 学 习 重 点 ─────

➢ 动画的简单制作流程　　➢ 制作简单的动画效果　　➢ 掌握动画的制作方法

11.1 动画概述

动画是一门综合艺术，是工业社会人类寻求精神解脱的产物，是集合了绘画、漫画、电影、数字媒体、摄影、音乐和文学等众多艺术门类于一身的艺术表现形式，将多张连续的单帧画面连在一起就形成了动画，如图11-1所示。

图11-1　动画

3ds Max作为世界上最优秀的三维软件之一，为用户提供了一套强大的动画系统，包括基本动画系统和骨骼动画系统。无论采用哪种方法制作动画，都需要动画师对角色或物体的运动有着细致地观察和深刻地体会，抓住了运动的"灵魂"才能制作出生动逼真的动画作品，如图11-2所示为一些优秀的动画作品。

图11-2　优秀动画电影

11.2 动画制作工具

本节主要介绍制作动画的一些基本工具，例如关键帧的设置工具、播放控制器和"时间配置"对话框。掌握了这些基本工具的用法，可以制作出一些简单的动画效果。

11.2.1 关键帧设置

设置动画关键帧的工具位于软件界面的右下角，如图11-3所示。

图11-3 动画关键帧的设置工具

其重要参数介绍如下。

➤ 设置关键点 ⊶：单击该按钮，可在指定的帧上设置关键点，快捷键为K。

➤ 自动关键点：单击该按钮，可自动记录关键帧。启用"自动关键点"功能后，时间尺会变成红色，如图11-4所示，拖动时间块可以控制动画的播放范围及关键帧，该工具的快捷键为N。

图11-4 启用"自动关键点"功能

➤ 设置关键点：进入"设置关键点"动画模式后，可以组合使用"设置关键点"工具和"关键点过滤器"为选定对象的各个轨迹创建关键点。利用"设置关键点"模式可以控制设置关键点的对象及时间，还可以设置角色的姿势，并使用该姿势来创建关键点。假如将该姿势移动到另一时间点而没有设置关键点，则该姿势被放弃。

➤ 选定对象：进入"设置关键点"动画模式时，在列表中可可快速访问命名选择集和轨迹集。

➤ 关键点过滤器：单击该按钮，系统将弹出如图11-5所示的"设置关键点过滤器"对话框，在其中可选择待设置的关键点的轨迹。

图11-5 "设置关键点过滤器"对话框

【练习11-1】：用自动关键点制作风扇旋转动画

① 打开"第11章\11-1制作风扇旋转动画.max"素材文件，场景中已经提供了一个风扇模型，如图11-6所示。

图11-6 打开素材文件

② 选择风叶对象，单击"自动关键"按钮，将时间滑块拖到第100帧，如图11-7所示。

图11-7 设置自动关键点

③ 在主工具栏上右击"选择并旋转"按钮 ↻，在弹出的"旋转变换输入"对话框中设置Y轴值为7200，如图11-8所示。

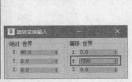

图11-8 输入参数

④ 一个简单的自动关键点动画就设置好了，单击"播放动画"按钮可以预览设置的动画，效果如图11-9所示。

图11-9 风扇旋转动画

3ds Max+VRay动画及效果图制作从新手到高手

【练习11-2】：用自动关键点制作茶壶扭曲动画

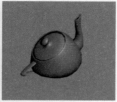

01 在"创建"面板中选择"标准基本体"，然后选择"茶壶"工具，在视口中创建一个茶壶对象，如图11-10所示。

图11-10　创建茶壶

02 选择茶壶模型，在"修改"面板中单击下拉菜单栏，给茶壶添加一个"弯曲"修改器，如图11-11所示。

图11-11　添加弯曲修改器

03 在修改器堆栈栏中选择"Bend（弯曲）"修改器，在参数栏中设置弯曲的"角度"为−45，茶壶会向左弯曲45度，如图11-12所示。

04 单击"自动关键点"按钮，在第0帧的位置按快捷键K给茶壶设置一个自动关键点，如图11-13所示。

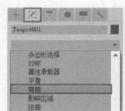

图11-12　设置角度参数　　图11-13　设置自动关键点

05 将时间滑块移动到第100帧的位置，设置"方向"为360，茶壶旋转360度回到了原点，如图11-14所示。

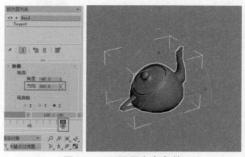

图11-14　设置方向参数

06 一个简单的茶壶旋转动画就设置好了，单击"播放动画"按钮可以预览设置的动画，效果如图11-15所示。

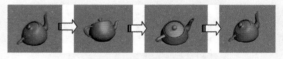

图11-15　播放动画

11.2.2　播放控制器

在关键帧工具的旁边是一些控制动画播放的相关工具，如图11-16所示。

图11-16　播放控制器

播放控制器介绍如下。

➢ 转至开头 ⏮：如果当前时间线滑块没有处于第0帧位置，那么单击该按钮可以跳转到第0帧。

➢ 上一帧 ◀Ⅱ：将当前时间线滑块向前移动一帧。

➢ 播放动画/播放选定对象 ▶：单机"播放动画"按钮，可以播放整个场景中的所有动画；单击"播放选定对象"按钮，可以播放选定对象的动画，而未选定的对象将静止不动。

➢ 下一帧 Ⅱ▶：将当前时间线滑块向后移动一帧。

➢ 转至结尾 ⏭：如果当前时间线滑块没有处于结束帧位置，那么单击该按钮可以跳转到最后一帧。

➢ 关键帧模式切换 ◀▶：单击该按钮可以切换到关键点设置模式。

➢ 时间跳转输入框 0：在该文本框可以输入数字来跳转时间线滑块，例如输入60，按

Enter键可以将时间线滑块跳转到第60帧。

➤ 时间配置  ：单击该按钮可以打开"时间配置"对话框，该对话框中的参数将在下面的内容中进行讲解。

11.2.3　时间配置

"时间配置"对话框中提供了帧速率、时间显示、播放和动画的设置，可以在该对话框更改动画的长度或者拉伸或重缩放，还可以设置活动时间段和动画的开始帧和结束帧。

在软件界面的右下角单击时间配置图标 ，可以打开"时间配置"对话框，如图11-17所示。

图11-17　时间配置

其重要参数介绍如下。

➤ "帧速率"选项组：该选项组中有4个选项按钮，分别为NTSC、电影、PAL和自定义，可用于在每秒帧数(FPS)字段中设置帧速率。前3个按钮可以强制所做的选择使用标准FPS，分别用于游戏动画、电影和影视动画。使用"自定义"按钮可通过调整微调器来指定自己的FPS，如图11-18所示。

➤ "时间显示"选项组：指定在时间滑块及整个3ds max中显示时间的方法，以帧数、SMPTE、帧数和十字叉或者以分钟数、秒数和刻度数显示，制作动画时常以默认的帧显示，如图11-19所示。

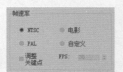　　

图11-18　帧速率　　图11-19　时间显示

➤ "播放"选项组有以下几个常用参数。

◆ 实时：播放时会与当前"帧速率"设置保持一致，如果勾选"实时"复选框，播放时将会加快速度，以跳帧的方式快速播放，并且可以激活方向选项，调整播放方向，如图11-20所示。

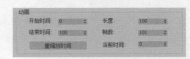

图11-20　勾选"实时"复选框

◆ 仅活动视口：勾选该复选框后，只播放正在操作中的活动视口中的动画，其他视图的动画呈静止状态。

◆ 循环：控制动画只播放一次，还是反复播放。勾选该复选框后，播放将反复进行，可以通过单击动画控制按钮或时间滑块渠道来停止播放。取消勾选后，动画将只播放一次然后停止。单击"播放"将倒回第一帧，然后重新播放。

◆ 速度：可以选择5个播放速度，1x是正常速度，1/2x是半速等等。速度设置只影响在视口中的播放，默认设置为1x。

◆ 方向：将动画设置为向前播放、反转播放或往复播放（向前然后反转重复进行）。该选项只影响在交互式渲染器中的播放。其并不适用于渲染到任何图像输出文件的情况，只有在禁用"实时"后才可以使用这些选项。

➤ 动画组包含了设置开始/结束时间、长度、帧数、当前时间和重缩放时间，如图11-21所示。

图11-21　动画组

◆ 设置开始/结束时间：设置在时间滑块中显示的活动时间段。选择第0帧之前或之后的任意时间段。例如可以将活动时间段设置为从第-50帧到第250帧。

◆ 长度：显示活动时间段的帧数。如果将此选项设置为大于活动时间段总帧数的数值，则相应增加"结束时间"字段。

◆ 当前时间：指定时间滑块的当前帧。调整此选项时，将相应移动时间滑块，视口将进行更新。

◆ 重缩放时间：单击"重缩放时间"按钮打开对话框，可在里面设置拉伸或收缩活动时间段的动画，以适合指定的新时间段，如图11-22所示。

图11-22 "重缩放时间"对话框

11.3 曲线编辑器

单击主工具栏上的"曲线编辑器（打开）"按钮，系统弹出如图11-23所示的"轨迹视图-曲线编辑器"对话框。

图11-23 "轨迹视图-曲线编辑器"对话框

场景中的物体被设置了动画属性后，可以在"轨迹视图-曲线编辑器"对话框中显示相应的曲线，如图11-24所示，通过调整曲线可以更改物体的运动轨迹。

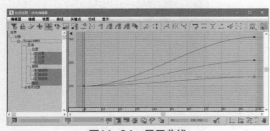

图11-24 显示曲线

11.3.1 关键点控制工具栏

曲线编辑器的"关键点控制"工具栏中包含一些工具，用于移动和缩放关键点、绘制曲线和滑动关键点等，如图11-25所示。

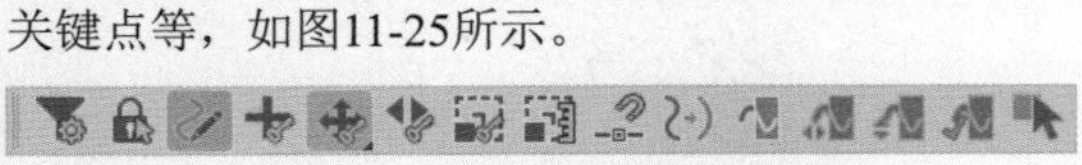

图11-25 "关键点控制"工具栏

下面介绍其中一些工具。

➢ 过滤器：单击该按钮打开"过滤器"对话框，设置显示或隐藏对象的条件。

➢ 锁定当前选择：单击该按钮，锁定选择的对象。

➢ 绘制曲线：绘制新运动曲线，或直接在功能曲线图上绘制草图来修改已有曲线。

➢ 添加关键点：在现有曲线上创建关键点。

➢ 移动关键点：在"关键点"窗口中水平和垂直移动关键点。

➢ 滑动关键点：在"关键点"窗口中滑动关键点。

➢ 缩放关键点：在"关键点"窗口中缩放关键点。

➢ 缩放值：在"关键点"窗口中缩放关键点时显示缩放参数。

➢ 捕捉缩放：可以与缩放值工具一起使用，能将缩放原点移动到第一个选定关键点。

➢ 简化曲线：减少曲线上的关键点，从而简化曲线样式。

➢ 参数曲线超出范围类型：单击该按钮，在打开的"参数曲线超出范围类型"对话框中可以选择参数曲线超出范围类型。

➢ 区域关键点工具：在矩形区域内移动和缩放关键点。

11.3.2 关键点切线工具栏

切线控制着关键点附近运动的平滑度和速度，关键点切线工具栏中的工具可以用来为关键点指定切线，如图11-26所示，其中各工具介绍如下。

图11-26 关键点切线工具栏

➢ 将切线设置为自动：按关键点附近的功能曲线的形状进行计算，将高亮显示的关键点设置为自动切线。

➢ 将切线设置为样条线：将高亮显示的关键点设置为样条线切线，其具有关键点控制柄，可以通过在"曲线"窗口中拖动进行编辑。

➢ 将切线设置为快速：可将关键点切线设置为快。

➢ 将切线设置为慢速：可将关键点切线设置为慢。

➢ 将切线设置为阶梯式：将关键点切线设置为

步长。使用阶跃来冻结从一个关键点到另一个关键点的移动。

➤ 将切线设置为线性＼：可将关键点切线设置为线性。

➤ 将切线设置为平滑＼：可将关键点切线设置为平滑。

11.3.3　切线动作工具栏

切线动作工具栏如图11-27所示，其中的工具可以对动画关键点切线执行统一或断开操作。这些工具有显示切线、断开切线、统一切线和锁定切线。

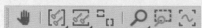

图11-27　切线动作工具栏

下面介绍断开切线和统一切线2个工具。

➤ 断开切线＼：允许将两条切线（控制柄）连接到一个关键点，使其能够独立移动，以便不同的运动能够进出关键点。

➤ 统一切线＼：如果切线是统一的，按任意方向移动控制柄，从而控制柄之间保持最小角度。

11.3.4　关键点输入工具栏

在关键点输入工具栏中可以自定义单个关键点的数值，如图11-28所示。

图11-28　关键点输入工具栏

➤ 帧：在选项中显示选定关键点的帧编号，即在时间中的位置。可在选项中输入新的帧数或一个表达式，可将关键点移至其他帧。

➤ 值：在选项中显示选定关键点的值，即在空间中的位置，在选项中输入新的值或表达式来更改关键点的值。

11.3.5　导航工具栏

导航工具栏中的工具主要用来定义视图的显示范围、编辑曲线等操作，如图11-29所示。

图11-29　导航工具栏

其中重要工具的含义如下。

➤ 平移：使用"平移"工具时，单击并拖动关

键点窗口，可以将其向左移、向右移、向上移或向下移。

➤ 框显水平范围选定关键点：是一个弹出按钮，其中包含"框显水平范围"按钮和"框显水平范围关键点"按钮。

➤ 框显值范围选定关键点：单击该按钮，可最大化的显示关键点的值。

➤ 缩放：单击该按钮，可在水平和垂直方向上缩放时间的视图。

➤ 缩放区域：用于拖动"关键点"窗口中的一个区域以缩放该区域使其充满窗口。

➤ 隔离曲线：单击该按钮，可隔离当前选中的动画曲线，以使其单独显示，方便调节单个曲线。

【练习11-3】：用曲线编辑器制作蝴蝶飞舞动画

01 打开"第11章\11-3制作蝴蝶飞舞动画.max"素材文件，场景中已经设置好了蝴蝶的模型，如图11-30所示。

图11-30　打开素材文件

02 选择蝴蝶翅膀模型，保持时间帧在0帧，按快捷键K添加关键点，如图11-31所示。

图11-31　添加关键点

3ds Max+VRay动画及效果图制作从新手到高手

03 再单击"自动关键点"按钮，使用旋转工具调整蝴蝶翅膀的角度，如图11-32所示。

图11-32 旋转翅膀

04 将时间滑块移动到第10帧的位置，用旋转工具对蝴蝶的翅膀进行调整，让蝴蝶产生扑翅膀的动作，如图11-33所示。

图11-33 旋转翅膀

05 选择第0帧的关键点，按住Shift键不松，拖动鼠标至第20帧，将蝴蝶翅膀第0帧的关键点复制到第20帧的位置，如图11-34所示。这样，一个蝴蝶扑翅膀的循环动画就制作好了。

图11-34 复制关键点

06 在主工具栏单击"曲线编辑器"按钮，打开曲线编辑器，现在的蝴蝶翅膀的运动曲线只有1个周期，蝴蝶的翅膀只会煽动1次。单击"参数曲线超出范围类型"按钮，打开设置面板，选择超出范围类型为"循环"，然后单击"确定"按钮，如图11-35所示。

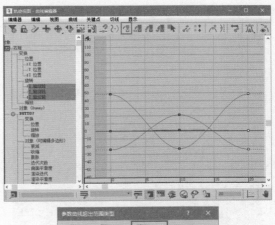

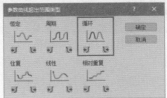

图11-35 设置曲线类型

07 设置完成后，曲线以虚线的显示方式向后无限延长，如图11-36所示，蝴蝶翅膀将循环煽动。

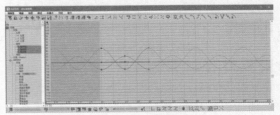

图11-36 查看曲线

08 选择蝴蝶身子模型，进行旋转让蝴蝶产生向上的趋势，然后在第0帧的位置按快捷键K设置一个关键点，如图11-37所示。

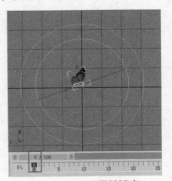

图11-37 设置关键点

09 将时间滑块拖动到第100帧的位置，单击"移动工具"按钮 ✛ 选择移动工具，将蝴蝶模型向右上方移动，第100帧的位置会自动生成一个关键点，如图11-38所示，此时，蝴蝶会有个向右上方飞的动画。

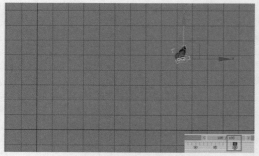

图11-38 移动蝴蝶

10 分别在第20帧、第60帧和第80帧的位置对蝴蝶的高度进行调整，让蝴蝶扇动翅膀时，上升的高度有些区别，如图11-39所示。

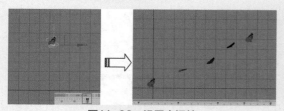

图11-39 设置中间帧

11 再次打开曲线面板，选择位置Z轴的曲线，该曲线控制蝴蝶的高度。单击"移动工具"按钮 ✛，对曲线的顶点进行调整，让曲线不要呈直线运动，如图11-40所示。

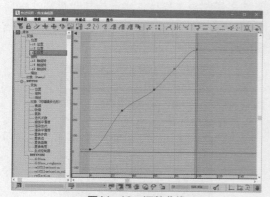

图11-40 调整曲线

12 选择一些动画较完整的帧，在主工具栏单击"渲染"按钮 🖾，渲染出静帧图像，如图11-41所示。

图11-41 蝴蝶飞舞动画

11.4 约束

动画约束是创建动画过程中的辅助工具，可用于通过与其他对象的绑定关系，控制对象的位置、旋转或缩放。约束有7种类型，分别为附着约束、曲面约束、路径约束、位置约束、链接约束、注视约束和方向约束，本节介绍其中6种动画约束的使用方法。

11.4.1 附着约束

"附着约束"是一种位置约束，可将一个对象的位置附着到另一对象的面上。如图11-42所示为"附着约束"的参数设置面板内容，其中各选项含义如下。

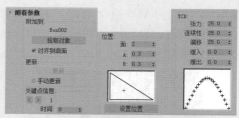

图11-42 "附着约束"的参数设置面板

➤ 拾取对象 拾取对象：单击该按钮，可在场景中拾取目标对象。

➤ 更新 更新：单击该按钮，可在场景中更新附着效果。

➤ 时间：在选项中显示当前帧，可将当前帧关键点移动到不同的帧中。

➤ 面：在选项中显示对象所附着到的面的索引。

➤ A/B：在选项中设置面上附着对象的位置的重心坐标。

➤ 张力：在选项中设置TCB控制器的张力，参数值设置范围为0~50。

➤ 连续性：在选项中设置TCB控制器的连续性，参数设置范围为0~50。

- ➢ 偏移：在选项中设置TCB控制器的偏移量，参数设置范围为0~50。
- ➢ 缓入：在选项中设置TCB控制器的缓入位置，参数设置范围为0~50。
- ➢ 缓出：在选项中设置TCB控制器的缓出位置，参数设置范围为0~50。

11.4.2 曲面约束

"曲面约束"可以让一个对象定位在另一个对象上，但是能够使用曲面约束的对象是有限制的，允许的对象有球体、圆锥体、圆柱体、圆环、四边形面片、放样对象、NURBS对象。如图11-43所示为"曲面约束"的参数设置面板，其中各选项含义如下。

图11-43 "曲面约束"参数设置面板

- ➢ 拾取曲面 拾取曲面：单击该按钮，可在场景中拾取需要用作曲面的对象。
- ➢ U/V向位置：在选项中设置控制对象在曲面对象U/V坐标轴上的位置。
- ➢ 不对齐：选择该项，无论控制对象在曲面对象上的哪个位置，都不会走向。
- ➢ 对齐到U/V：选择该项，可将控制对象的局部Z轴对齐到曲面对象的曲面法线，同时将X轴对齐到曲面对象的U/V轴。
- ➢ 翻转：勾选该复选框，可翻转控制对象局部Z轴的对齐方式。

11.4.3 路径约束

"路径约束"用来约束对象沿着指定的目标样条线路径运动，或者在离指定的多个样条线平均距离上运动。如图11-44所示为"路径约束"的参数设置面板，其中重要选项含义如下。

图11-44 "路径约束"的参数设置面板

- ➢ 添加路径：单击该按钮，可在场景中选取其他样条线作为约束路径。
- ➢ 删除路径：单击该按钮，可将目标列表中选中的作为约束路径的样条线去掉，使其不再对被约束对象产生影响，而不是从场景中删掉。
- ➢ %沿路径：在选项中定义被约束对象现在处在约束路径长度的百分比，常用来设定被约束对象沿路径的运动动画。
- ➢ 跟随：勾选该复选框，可使对象的某个局部坐标与运动的轨迹线相切。
- ➢ 倾斜：勾选该复选框，可使对象局部坐标系的Z轴朝向曲线的中心。
- ➢ 倾斜量：该参数控制倾斜的大小和方向，参数值的正负决定了倾斜的方向。
- ➢ 平滑度：该参数控制沿着转弯处的路径均分倾斜角度。参数值越大，被约束对象在转弯处倾斜变换的就越缓慢、平滑。
- ➢ 允许翻转：勾选该复选框，则允许被约束对象在路径的特殊段上执行翻转运动。
- ➢ 恒定速度：勾选该复选框，可使被约束对象在样条线的所有线段上的速度一样。
- ➢ 循环：勾选该复选框，被约束对象的运动将被循环播放。
- ➢ 相对：勾选该复选框，被约束对象开始将保持在原位置，沿与目标路径相同的轨迹运动。

【练习11-4】：用路径约束制作写字动画

01 打开"第11章\11-4制作写字动画.max"文件，场景中已创建好纸、笔和一条星形的路径，如图11-45所示。

图11-45 查看素材文件

⑫ 在"创建"面板中选择"圆柱体"工具，在视口中创建一个圆柱体，然后在"修改"面板中设置圆柱体的"半径"为0.01、"高度"为10，"高度分段"为100、"端面分段"为1，用来作为笔画出来的图像，如图11-46所示。

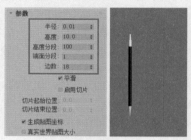

图11-46　创建圆柱体

⑬ 选择圆柱体对象，在菜单栏中单击"修改器"按钮，然后选择动画栏中的"路径变形（WSM）"选项，给圆柱体添加路径变形修改器，如图11-47所示。

⑭ 接着单击星形图案拾取路径，圆柱体跳转至路径位置，沿星形运动，如果圆柱体位置低于纸面，可将其向上移到可见位置，如图11-48所示。

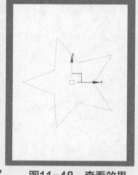

图11-47　添加"路径变形"　　图11-48　查看效果
**　　　　修改器**

⑮ 选择画笔工具，在菜单栏中单击"动画"按钮，在弹出的文本框中选择约束栏中的"路径约束"，如图11-49所示。

⑯ 然后拾取星形路径，笔会自动跳转至路径位置，但是角度不变，然后单击"选择并旋转工具"按钮，将笔进行旋转，如图11-50所示。

⑰ 在"显示"面板中勾选"图形"复选框，将星形路径隐藏起来，如图11-51所示。

图11-49　使用"路径约束"　图11-50　调整画笔方向

⑱ 然后打开自动关键点按钮，在"修改"面板中选择"路径变形绑定（WSM）"修改器，设置拉伸值为"0"，圆柱体被压缩在笔头的位置，如图11-52所示。

图11-51　隐藏图形　　　　图11-52　设置拉伸值

⑲ 将时间滑块移动到第100帧的位置，设置"拉伸"为"3.1"（具体以星形图案完整为标准），如图11-53所示。

⑳ 设置好拉伸值后，圆柱体对象形成了一个绘制星形图案的动画，在第0帧和第100帧的位置会自动生成两个关键点，如图11-54所示。

图11-53　设置拉伸值　　　图11-54　查看效果

㉑ 笔的路径动画与圆柱体的路径变形动画速度会有点不同步，可以将时间滑块拖动到不同步的位置，对圆柱体的拉伸值进行调整，让圆柱体运动的速度与笔的位置同步，如图11-55所示。

㉒ 这样一个写字动画就制作完成了，单击"播放动画"按钮可以预览设置的动画，效果如图11-56所示。

图11-55 调整拉伸速度

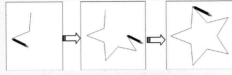

图11-56 查看动画效果

11.4.4 位置约束

使用"位置约束"可以设置源对象的位置随着另一个目标对象的位置或者几个目标对象的权重平均位置而变化，还可将值的变化设置为动画。如图11-57所示为"位置约束"的参数设置面板，其中各选项含义如下。

➢ 添加位置目标：单击该按钮，可以添加影响受约束对象位置的新目标对象。

➢ 删除位置目标：单击该按钮，可以移除位置目标对象。假如目标对象被移除，则不再影响受约束的对象。

➢ 权重：在选项中为每个目标指定并设置动画。

➢ 保持初始偏移：勾选该复选框，可保持受约束对象与目标对象的原始距离。

11.4.5 链接约束

使用"链接约束"可以创建对象与目标对象之间彼此链接的动画，其参数设置面板如图11-58所示。

图11-57 "位置约束"
参数设置面板

图11-58 "链接约束"
参数设置面板

其中各选项含义如下。

➢ 添加链接：添加一个新的链接目标。

➢ 链接到世界：将对象链接到世界（整个场景）。

➢ 删除链接：移除高亮显示的链接目标。

➢ 开始时间：指定或编辑目标的帧值。

➢ 无关键点：启用该选项后，在约束对象或目标中不会写入关键点。

➢ 设置节点关键点：启用该选项后，可以将关键帧写入到指定的选项，包含"子对象"和"父对象"两种。

➢ 设置整个层次关键点：用指定选项在层次上部设置关键帧，包含"子对象"和"父对象"2种。

11.4.6 注视约束

使用"注视约束"可以控制对象的方向并使其一直注视着另一个对象。"注视约束"的参数设置面板如图11-59所示，其中重要选项含义如下。

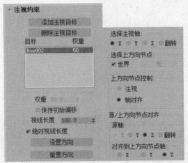

图11-59 "注视约束"的参数设置面板

➢ 添加注视目标：单击该按钮，可添加影响约束对象的新目标。

➢ 删除注视目标：单击该按钮，可移除影响约束对象的目标对象。

➢ 视线长度：在选项中定义从约束对象轴到目标对象轴所绘制的视线长度。

➢ 绝对视线长度：勾选该复选框，3ds Max仅使用"视线长度"来设置主视线的长度。

➢ 设置方向：单击该按钮，允许对约束对象的偏移方向进行手动定义，可使用旋转工具来设置约束对象的方向。

➢ 重置方向：单击该按钮，可将用户设定的方向还原至初始值。

➢ 源轴：在选项组中选择与上部节点轴对齐的约束对象的轴。

① 打开"第11章\11-5制作人物眼神控制器.max"素材文件，场景中已经提供了一个人物模型，如图11-60所示。

② 在"创建"面板中单击辅助对象栏中的"虚拟对象"按钮，如图11-61所示。

图11-60　打开素材　　图11-61　选择虚拟对象

③ 然后在视口中创建一个虚拟对象，并分别在正视图和侧视图中将虚拟对象与眼球对齐，如图11-62所示。

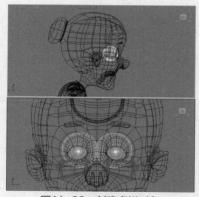

图11-62　创建虚拟对象

④ 选择虚拟对象，按住Shift键不松，拖动复制一个虚假体到另一只眼球位置。在"克隆选项"对话框中设置副本数为"1"，单击"确定"按钮进行复制，如图11-63所示。

⑤ 选择左边眼球，在菜单栏中选择"动画"选项，在弹出的快捷列表中选择约束栏中的"注视约束"，如图11-64所示。

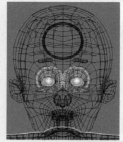 

图11-63　复制虚拟对象

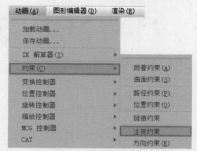

图11-64　使用"注视约束"

⑥ 此时眼睛会出现一条虚线，单击左眼球前面的虚拟对象拾取约束对象，如图11-65所示。

图11-65　拾取约束对象

⑦ 用同样的方式将人物的右眼球约束到右边的虚拟对象上，如图11-66所示。

⑧ 这样，在移动虚拟对象时，眼球就会一直注视着被约束的虚拟对象，如图11-67所示。

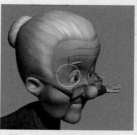 

图11-66　设置注视约束　　图11-67　测试约束效果

⑨ 再次创建一个虚拟对象，将2个眼球的虚拟对象框起来，作为父对象，同时控制两个眼球，如图11-68所示。

⑩ 选择两个小虚拟对象，在主工具栏中单击
"选择并链接"按钮 ❷，将两个小虚拟对象链
接到大虚拟对象上，如图11-69所示。

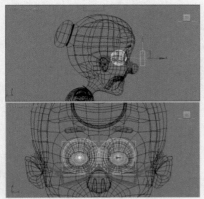

图11-68 创建虚拟对象

图11-69 链接虚拟对象

⑪ 现在只要移动一个虚拟对象，就能同时控制2
个眼球的注视方向，如图11-70所示。

图11-70 测试约束效果

11.4.7 方向约束

使用"方向约束"可以使某个对象的方向沿
着另一个对象的方向或若干对象的平均方向进行
旋转，方向受约束的对象可以是任意可旋转对象。
"方向约束"的参数设置面板如图11-71所示，其
中各选项含义如下。

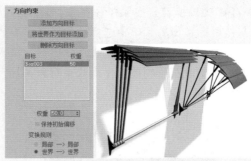

图11-71 方向约束与应用场合

➤ 添加方向目标：单击该按钮，可在场景中选择
一个对象作为方向约束的目标。

➤ 将世界作为目标添加：单击该按钮，可将受约
束对象与世界坐标轴对齐。

➤ 删除方向目标：单击该按钮，可选择一个已被
设置约束目标的对象删除。

➤ 保持初始偏移：选择该项，可保留受约束对象
的初始方向。

➤ 变换规则：在将"方向约束"应用于层次中的
某个图形对象后，即可确定是将局部节点变换
还是将父变换用于"方向约束"。

➤ 局部-->局部：选择该项，局部节点变换将用于
"方向约束"。

➤ 世界-->世界：选择该项，将应用父变换或世界
变换。

【练习 11-6】：用方向约束控制飞机

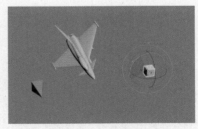

① 打开"第11章\11-6用方向约束控制飞
机.max"素材文件，场景中已经提供了1架飞机
模型和2个约束对象，如图11-72所示。

图11-72 打开素材

02 选择飞机模型，在菜单栏单击"动画"按钮，然后在弹出的菜单中选择约束子菜单中的"方向约束"，选择之后飞机上会出现一条虚线，单击拾取左边的菱锥作为约束对象，如图11-73所示。

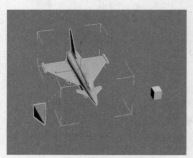

图11-73　拾取约束对象

03 选择菱锥模型，旋转Z轴，飞机头跟着菱锥方向旋转，如图11-74所示。旋转Y轴，机身进行侧转，如图11-75所示。

图11-74　旋转Z轴

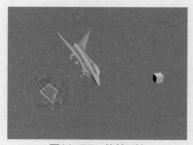

图11-75　旋转Y轴

04 选择飞机模型，在层次面板中单击"添加方向目标"按钮，如图11-76所示。

05 然后在视口中单击拾取正方体，如图11-77所示，飞机便同时受菱锥和正方体约束。

06 将菱锥的Z轴旋转90度，飞机的机头只会旋转45度，如图11-78所示，因为飞机的另一半权重受正方体影响，分配比例是50：50，如图11-79所示。将正方体的Y轴旋转90度，飞机侧身45度，如图11-80所示。此时的飞机已经按同样的百分比受两个对象控制了。这样，在不影响机身的情况下，也能清楚地分工制作出动画。

图11-76　添加方向目标　　　图11-77　拾取目标

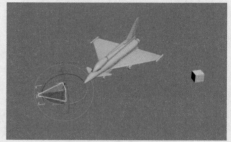

图11-78　旋转菱锥

图11-79　查看比例　　　图11-80　旋转正方体

11.5 变形器

本节介绍制作变形动画的2个重要变形器，即"变形器"修改器与"路径变形（WSM）"修改器。

11.5.1 变形器修改器

"变形器"修改器可以用来改变网格、面片和NURBS模型的形状，同时还支持材质变形，一般用于制作3D角色的口型动画和与其同步的面部表情动画。"变形器"修改器的参数设置面板包含5个卷展栏，如图11-81所示。

图11-81 "变形器"修改器

【练习11-7】：制作人物面部表情

01 打开"第11章\11-7制作人物面部表情.max"素材文件，场景中已经提供了一个人物模型和部分面部表情素材，如图11-82所示。

图11-82 打开素材文件

02 首先制作表情素材。选择人物头部模型，按住Shift键不松，拖动复制一个人头，在弹出的"克隆选项"对话框中设置复本数为"1"，如需多个表情，则设置相应的数值，单击"确定"按钮进行复制，如图11-83所示。

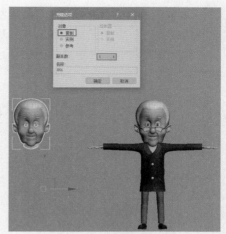

图11-83 复制头部模型

03 在"修改"面板中单击"删除"按钮 🗑 删除蒙皮和涡轮平滑修改器，只留下一个简模，如图11-84所示。

图11-84 删除修改器

04 选择头部简模，在"修改"面板中选择"顶点"模式，然后勾选"使用软选择"复选框，取消勾选"影响背面"，并设置"衰减"值为3左右，如图11-85所示。

05 接着对简模嘴角的顶点进行调整，将人物的嘴角上扬，如图11-86所示。这样一个嘴角上扬的表情就制作完成了，为了使动画更加细致，通常都会将左右两边的表情分开做。

 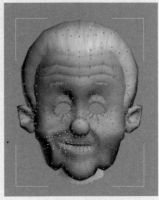

图11-85 使用软选择　　**图11-86 调整嘴角**

06 选择人物模型的头部，在"修改"卷展栏中给模型的头部添加一个变形器。然后将变形器拖到"蒙皮"修改器下，以免蒙皮出错，如图11-87所示。

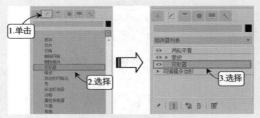

图11-87 添加变形器

07 选择变形器，在通道列表中的第一个空通道上右击选择"从场景中拾取"，如图11-88所示，然后在视口中拾取素材所提供的左嘴角上扬的表情头，如图11-89所示。

图11-88 选择从场景中拾取

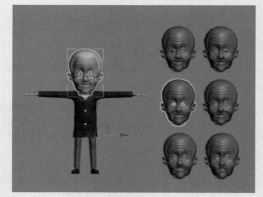

图11-89 拾取表情对象

08 在"通道参数"下将拾取过表情的头像命名为"左嘴角"，然后将其参数调整为100，如图11-90所示。

09 模型左边的嘴角上扬到表情头的幅度，参数越小，上扬的幅度越小，效果如图11-91所示。

图11-90 设置参数　　　　**图11-91** 查看效果

10 用同样的方法将第二个通道拾取右嘴角上扬，并命好名字，两边嘴角参数都设置成100时，人物呈微笑状，如图11-92所示。

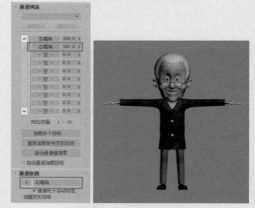

图11-92 设置右嘴角

11 用同样的方法分别将第三、四个通道拾取左右闭眼的表情头，命好名字后将参数设置成100，这样，人物就呈闭眼微笑状态，如图11-93所示。

图11-93 设置闭眼表情

⓬ 用同样的方法将第五、六个通道拾取嘴唇表情头，并调整好参数，通道列表中的表情可以根据需要搭配调整，如图11-94所示，这样一个咧嘴笑的表情就做好了，如图11-95所示。

图11-94 设置嘴唇表情　　图11-95 查看效果

11.5.2 路径变形(WSM)修改器

使用"路径变形(WSM)"修改器可以根据图形、样条线或NURBS曲线路径来变形对象，其参数设置面板如图11-96所示。

图11-96 "路径变形(WSM)"修改器

其中各选项含义如下。

➢ 路径：显示选定路径对象的名称。

➢ 拾取路径：单击该按钮可以在视图中选择一条样条线或NURBS曲线作为路径使用。

➢ 百分比：根据路径长度的百分比沿着Gizmo路径缩放对象。

➢ 拉伸：使用对象的轴点作为缩放的中心沿着Gizmo路径缩放对象。

➢ 旋转：沿着Gizmo路径旋转对象。

➢ 扭曲：沿着Gizmo路径扭曲对象。

➢ 转到路径：将对象从其初始位置转到路径的起点。

➢ 路径变形轴X/Y/Z：选择一条轴以旋转Gizmo路径，使其与对象的指定局部轴相对齐。

知识拓展

动画是3ds Max的重要功能，利用此功能可以创建出几乎所有可以想象得到的动画效果，很多成功的动画作品中都有3ds Max的身影。3ds Max动画囊括了诸多方面，例如基础动画、层级动画、控制器动画、角色动画、粒子动画，甚至动力学动画等。

本章主要介绍使用3ds Max制作动画时所用到的一些基本工具，例如关键帧设置工具、曲线编辑器和约束等，掌握了这些工具的使用方法，便能制作出一些简单的动画效果。

拓展训练

运用本章所学的知识，选择合适的动画命令，让素材中的汽车能够沿着U型路径做行驶动作，如图11-97所示。

图11-97 拓展训练——制作汽车动画

第12章
高级动画

除了前面章节所介绍的基本动画制作方法外，3ds Max还提供了许多高级的动画制作工具，例如骨骼、蒙皮、IK解算器、Biped等，这些工具可以让用户以更灵活的方式对模型进行控制，从而创建出更为精细的动画。

12.1 骨骼与蒙皮

骨骼是组成脊椎动物内骨骼的坚硬器官，可以用来支撑和保护身体，从而实现走路等运动动作。对于3ds Max动画制作来说，建立了模型后也可以通过"骨骼"来实现动画的制作，如图12-1所示。在角色骨骼制作完成之后，便可以通过"蒙皮"工具将模型和骨骼链接起来。

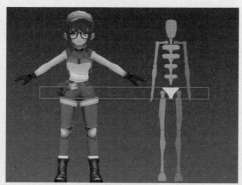

图12-1 3ds Max中的模型与骨骼

12.1.1 骨骼

3ds Max提供了一套非常优秀的动画控制系统——骨骼，创建骨骼需要使用到"骨骼"工具。在"创建"面板上单击"系统"按钮，在"标准"类型列表中单击"骨骼"工具按钮，如图12-2所示，然后在场景中拖动鼠标，即可创建骨骼对象，如图12-3所示。

图12-2 "标准"类型列表

图12-3 创建骨骼对象

"骨骼参数"卷展栏内容如图12-4所示，其中各选项含义如下。

图12-4 "骨骼参数"卷展栏

1. "骨骼对象"选项组

➤ 宽度/高度：在选项中设置骨骼的宽度和高度。

➤ 锥化：该选项的参数决定骨骼形状的锥化程度。假如参数值为0，则骨骼的形状为长方体。

2．"骨骼鳍"选项组

➤ 侧鳍：勾选该复选框，可在所创建的骨骼的侧面添加一组鳍。

➤ 大小：选项中的参数决定鳍的大小。

➤ 始/末端锥化：在选项中设置侧鳍始/末端的锥化程度。

➤ 前鳍：勾选该复选框，可以在所创建的骨骼的前端添加一组鳍。

➤ 后鳍：勾选该复选框，可在所创建的骨骼的后端添加一组鳍。

【练习12-1】：为人物创建骨骼

01 打开"第12章\12-1为人物创建骨骼.max"文件，场景中已经提供了一个人物模型，如图12-5所示。

图12-5　打开素材文件

02 在"创建"面板中单击"系统"按钮 %，在标准对象类型中选择"Biped"骨骼工具，然后在视口中创建一个与人物差不多大小的骨骼，如图12-6所示。

03 在"运动"面板中的Biped栏下单击"体形模式"按钮 ，进入体形模式，在这个模式下对人物的结构进行调整，设置"脊椎链接"为3，"手指"数为5，"手指链接"为3，"脚趾链接"为1，让骨骼的链接数量与人物模型相匹配，如图12-7所示。

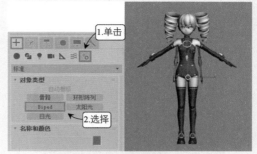

图12-6　创建骨骼

图12-7　设置骨骼结构

04 然后在"轨迹选择"卷展栏下单击"躯干水平"按钮 ←，在绝对模式变换输入中将X轴设置为0，让骨骼居中，然后在侧视图中对质心的位置进行调整，让质心处于模型盆骨的中心，如图12-8所示。

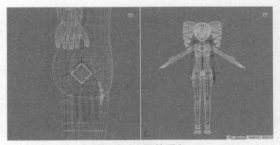

图12-8　调整质心

05 选择所有的骨骼，右击调出"四元菜单"，选择打开"对象属性"，如图12-9所示。

06 在弹出的"对象属性"对话框中勾选"显示为外框"复选框，然后单击"确定"按钮，如图12-10所示。这样，所有的骨骼都将显示为外框，没有多余的形状，方便选择和操作。

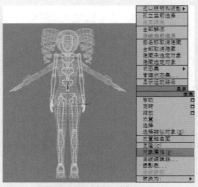

图12-9 选择对象属性

图12-10 设置对象属性

07 选择人物盆骨，在主工具栏中选择缩放工具，并设置参考坐标为"局部"对分骨的宽度进行调整，让两条腿的距离与模型匹配，如图12-11所示。

08 框选人物的两条大腿骨骼，对长度和宽度都进行调整，让腿部的膝盖与模型匹配，如图12-12所示。

图12-11 调整盆骨

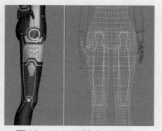
图12-12 调整大腿骨骼

09 框选人物的两条小腿骨骼，对长度和宽度都进行调整，让小腿骨的下方与模型脚腕位置匹配，宽度超出模型，方便选择骨骼，如图12-13所示。

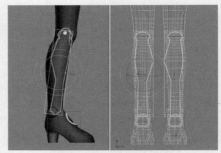

图12-13 调整小腿骨骼

10 分别对脚和脚趾的骨骼进行调整，让骨骼与模型匹配，如图12-14所示。

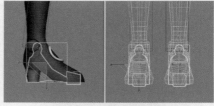

图12-14 调整脚部骨骼

11 分别选择腰部的三块骨骼，并用旋转工具进行调整，让腰部的弧度与模型的腰部形状匹配，然后对骨骼的大小进行缩放，让其超出身体大小，方便快速选择骨骼，如图12-15所示。

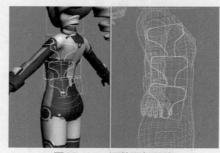

图12-15 调整腰部骨骼

12 按照调整腿部的方法对手臂和手指的骨骼进行调整，注意手指每个关节的位置都位于指节处，对于位置有偏差的骨骼，可以用移动工具进行调整，如图12-16所示。

图12-16 调整手部骨骼

⑬ 双击肩膀骨骼选中手臂所有骨骼，在"运动"面板的"复制粘贴"栏下选择"姿态"，然后单击"创建集合"按钮 🔳 创建一个骨骼集合，单击"复制姿态"按钮 🔳 复制手臂姿态，单击"向对面粘贴姿态"按钮 🔳 将调整好的骨骼形状粘贴给另一只手，如图12-17所示。

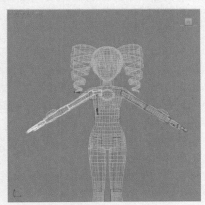

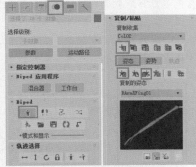

图12-17　复制粘贴手臂骨骼

⑭ 选择脖子骨骼，用旋转工具进行调整，如果脖子骨骼过低，可以用移动工具调整到合适的位置，如图12-18所示。

图12-18　调整脖子骨骼

⑮ 对头部的骨骼进行缩放，让其大小超出模型头部大小，方法快速选择，如图12-19所示。

⑯ 这样，一套人物骨骼就创建完成了，效果如图12-20所示。

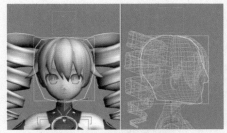

图12-19　调整头部骨骼

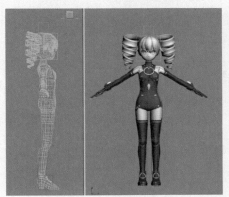

图12-20　最终效果

12.1.2　蒙皮

在角色骨骼制作完成之后，需将模型和骨骼链接起来，然后通过控制骨骼的运动来控制角色模型的运动，该过程称为"蒙皮"。"蒙皮"是一种骨骼变形工具，可使一个对象变形为另一个对象。"蒙皮"修改器可用于骨骼、样条线、变形网格、面片或者NURBS对象。

在场景中创建好角色的模型及骨骼后，选择角色模型，为其添加一个"蒙皮"修改器，如图12-21所示。在"蒙皮"修改器的参数设置面板中展开"参数"卷展栏，单击骨骼"添加"按钮，在弹出的"选择骨骼"对话框中选择待编辑的骨骼，然后单击"编辑封套"按钮，即可激活其他参数，如图12-22所示。

图12-21　添加"蒙皮"修改器

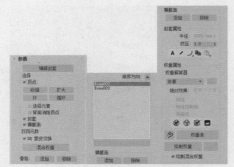

图12-22 "参数"卷展栏

1. "参数"卷展栏

"参数"卷展栏如图12-22所示，提供了蒙皮常用的控制项目，例如编辑封套、选择方式、横截面、封套属性等，其中重要选项含义如下。

➢ 编辑封套：单击该按钮，可进入子对象层级，然后可编辑封套及顶点的权重。

➢ 顶点：勾选该复选框，可选择顶点，并可使用"收缩"工具、"扩大"工具、"环"工具、"循环"工具来选择顶点。

➢ 添加/移除：单击"添加"按钮，可添加一个或多个骨骼；单击"移除"按钮，可移除选中的骨骼。

➢ 半径：在其中可设置封套横截面的半径大小。

➢ 挤压：在其中可设置所拉伸骨骼的挤压倍增量。

➢ 绝对 A/相对 R：可切换计算内外封套之间的顶点权重的方式。

➢ 封套可见性 ✓/✎：可控制未选定的封套是否可见。

➢ 线性衰减 ✓/波形衰减 ∫/快速衰减 ⌐/缓慢衰减 ⌐：可在其中为选定的封套选择衰减曲线。

➢ 复制 ⊡/粘贴 ⊡/粘贴到所有骨骼 ⊡/粘贴到话框 ⊡：单击"复制"按钮，可复制选定封套的大小和图形；单击"粘贴"按钮，可将复制的对象粘贴到所选定的封套上。

➢ 绝对效果：在其中可设置选定骨骼相对于选定顶点的绝对权重。

➢ 排除选定的顶点 ⊘/包含选定的顶点 ⊘：单击相应按钮，可将当前选定的顶点排除/添加到当前骨骼的排除列表中。

➢ 选定排除的顶点 ⊘：单击该按钮，选择所有从当前骨骼排除的顶点。

➢ 烘焙选定顶点 ⊡：单击该按钮，可烘焙当前的顶点权重。

➢ 权重工具 ⊘：单击该按钮，可打开"权重工具"对话框。

➢ 权重表：单击该按钮，打开"蒙皮权重表"对话框，在其中可查看及更改骨骼结构中所有骨骼的权重。

➢ 绘制权重：单击该按钮，可绘制选定骨骼的权重。

➢ 绘制选项 ⋯：单击该按钮，打开"绘制选项"对话框，在其中可设置绘制权重的参数。

2. "镜像参数"卷展栏

"镜像参数"卷展栏如图12-23所示，提供了蒙皮镜像复制的常用工具，可将选定封套和顶点指定粘贴到物体的另一侧，其中重要选项含义如下。

➢ 镜像模式：单击该按钮，可将封套和顶点从网格的一个侧面镜像至另一个侧面。

➢ 镜像粘贴 ⊡：单击该按钮，可将选定封套的顶点粘贴到物体的另一侧。

➢ 将绿色粘贴到蓝色骨骼 ▷：单击该按钮，可将封套设置从绿色骨骼粘贴到蓝色骨骼上。

➢ 将蓝色粘贴到绿色骨骼 ◁：单击该按钮，可将封套设置从蓝色骨骼粘贴到绿色骨骼上。

➢ 将绿色粘贴到蓝色顶点 ▷：单击该按钮，可将各个顶点从所有绿色顶点粘贴到对应的蓝色顶点上。

➢ 将蓝色粘贴到绿色顶点 ◁：单击该按钮，可将各个顶点从所有蓝色顶点粘贴到对应的绿色顶点上。

➢ 镜像平面：在列表中可选择镜像的平面类型。

➢ 镜像偏移：在其中可设置沿"镜像平面"轴移动镜像平面的偏移量。

➢ 镜像阈值：在将顶点设置为左侧或右侧顶点时，在该项中可设置镜像工具能观察到的相对距离。

3. "显示"卷展栏

"显示"卷展栏如图12-24所示，提供了蒙皮显示的常用工具，以便用户观察视图中的显示。

图12-23 "镜像参数" 图12-24 "显示"
卷展栏 卷展栏

3ds Max+VRay动画及效果图制作从新手到高手

4."高级参数"卷展栏

"高级参数"卷展栏如图12-25所示，提供了高级蒙皮的常用工具，例如变形、刚性、影响限制、重置等。

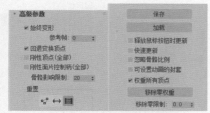

图12-25　"高级参数"卷展栏

5.Gizmos卷展栏

Gizmos卷展栏如图12-26所示，用来根据关节的角度变形网格，还可将Gizmos添加到对象上的选定点。在场景中选择要影响的点以及要进行变形的骨骼，单击"添加"按钮，即可完成Gizmos的工作流程。

图12-26　Gizmos卷展栏

【练习12-2】：为人物骨骼蒙皮

① 打开"第12章\12-2为人物骨骼蒙皮.max"文件，场景中已经提供了一个创建好骨骼的人物模型，如图12-27所示。

② 选择人物模型，在"修改"面板的"修改器"卷展栏中为模型添加一个"蒙皮"修改器，如图12-28所示。

③ 然后在"修改器堆栈"栏中选择蒙皮修改器，在参数栏下单击"添加"按钮，如图12-29所示。

图12-27　打开素材文件

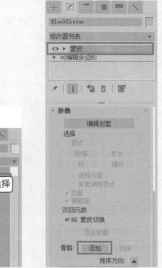

图12-28　添加"蒙皮"　　图12-29　选择添加
　　　　修改器

④ 在弹出的"选择骨骼"窗口中取消对其他类型的显示，只显示骨骼类型，然后按住Ctrl键不松，单击小三角展开所有骨骼，接着按住Shift键不松，加选除了"质心"以外所有的骨骼，最后单击"选择"按钮选择添加骨骼，如图12-30所示。

⑤ 选择人物模型，在"显示"面板中设置人物的颜色为白色，明暗处理显示为"对象颜色"，这样，在蒙皮过程中就不会被材质和模型颜色影响视觉。然后在"按类别隐藏"栏中勾选"辅助对象"复选框，这样就不会在蒙皮过程中误选到其他对象，如图12-31所示。

图12-30　选择骨骼　　图12-31　设置模型
　　　　　　　　　　　　　　　　　显示样式

置为"1"，上下接缝处的权重设置为"0.5"，
让接缝处的顶点受相邻的两块骨骼影响，如图
12-35所示。

06 在"修改"面板中选择蒙皮修改器的"封
套"选项，然后在参数栏中单击"编辑封套"按
钮，在视口中选择头部的封套，用移动工具移动
封套的顶点，将封套调至头部大小，红色代表封
套所影响的范围，颜色越暖，代表影响力度越
大，蓝色影响范围较小，如图12-32所示。

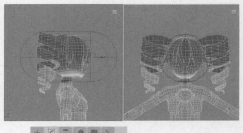

图12-32　编辑封套

07 在参数栏中勾选"顶点"复选框，单击"权
重"工具按钮 ≥ 打开"权重工具"对话框，如图
12-33所示。框选头部所有的顶点，将权重值设
置为"1"，让整个头部都被头部的封套影响，
如图12-34所示。

08 分别选择人物胸部和腰部的三块骨骼封套，
并框选相应的顶点，将中间位置的顶点权重设

图12-33　打开权重工具

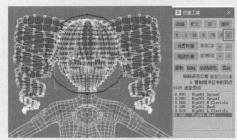

图12-34　设置头部权重

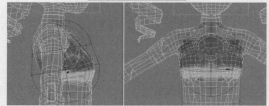

图12-35　设置胸部和腰部权重

09 选择右大腿的封套，将上方顶点的权重设置
为"1"，膝盖处的权重设置为"0.5"，接近小

3ds Max+VRay动画及效果图制作从新手到高手

腿处的顶点权重设置为"0.25"，让腿部的影响范围有个渐变效果，如图12-36所示。

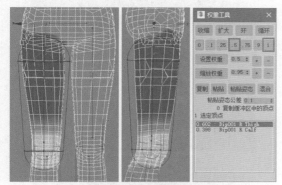

图12-36　设置大腿权重

⑩ 选择小腿处的封套，将中间的权重值设置为"1"，上下的顶点按比例分配权重值，如图12-37所示。

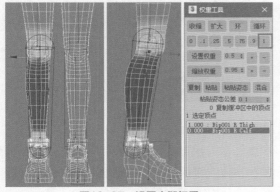

图12-37　设置小腿权重

⑪ 用同样的方法给脚设置权重，如图12-38所示。

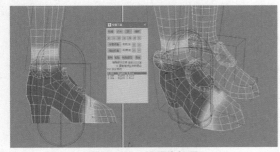

图12-38　设置脚权重

⑫ 用同样的方法给脚尖设置权重，如图12-39所示。

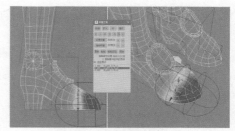

图12-39　设置脚尖权重

◎提示・◦

这里只要设置一条腿的权重就行，另一条腿后续会使用镜像对称权重。

⑬ 用设置腿部权重的方式给人物右手设置权重，注意手指权重不能影响到其他手指，如图12-40所示。

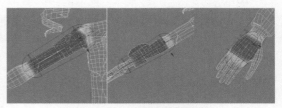

图12-40　设置手部权重值

⑭ 选择人物模型，在"修改"面板中选择蒙皮修改器中的"封套"选项，然后单击"镜像模式"按钮，接着单击将"绿色粘贴到蓝色"顶点按钮，将左边设置好权重的绿色顶点粘贴给右边没有设置过权重的蓝色顶点，如图12-41所示。这样虽然省去了重新设置权重的时间，但是这种方法只适用于两边面和顶点对称的模型，如果两边的顶点有偏差，会出现部分绿色权重错误的情况，需要对权重错误的位置再进行调整。

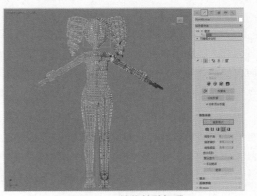

图12-41　镜像粘贴权重

⑮ 调整好基本权重后，可以导入一段动画对模型进行测试，选择"Biped"骨骼，在"层次"面板中单击"体形模式"按钮，关闭"体形模式"，然后单击"加载文件"按钮，如图12-42所示。

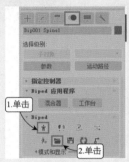

图12-42　导入动画

⑯ 在弹出的窗口中找到素材所提供的bip文件，单击"打开"文件按钮进行导入，如图12-43所示。

⑰ 导入动画之后，时间滑块上已经出现了跑步动画的关键点，将时间滑块移动到人物运动幅度比较大的位置进行调整，如图12-44所示。

图12-43　打开素材　　图12-44　查看动画

⑱ 骨骼关节处是蒙皮最容易出错的位置，分别选择人物大腿和小腿的封套，打开"权重工具"对话框，对关节转折处的顶点进行调整，"设置权重"选项后面可以自己设置一个参数值，单击后面的"+"号按钮可以增加所选顶点的权重，单击"-"号按钮则减小权重。"缩放权重"选项可以是在有权重的基础上增加或减小权重，如果该顶点没有在某封套上指定过权重，该选项则无效，如图12-45所示，调整好权重后的效果如图12-46所示。

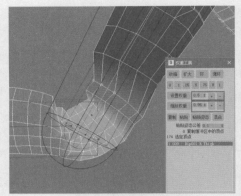

图12-45　调整权重

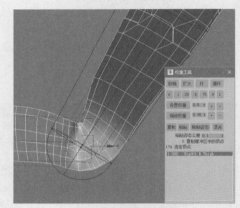

图12-46　查看效果

⑲ 除了权重工具外，还有另一种方式可以绘制权重。在"权重属性"选项组下单击"绘制权重"按钮，可以选择绘制笔刷。单击"绘制选项"按钮打开"绘制选项"窗口，在此处可以设置笔刷的强度和大小，如图12-47所示。

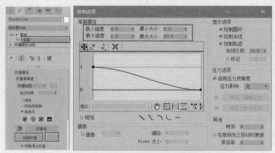

图12-47　打开"绘制选项"窗口

⑳ 对于顶点多的模型或者是关节转折处可以用此方法进行均匀涂抹，效果如图12-48所示。

㉑ 两种设置权重的方式可以按需求进行选择，配合使用效果更佳。调整好权重后模型的最终效果如图12-49所示。

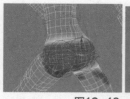 

图12-48 绘制效果

图12-49 最终效果展示

12.2 IK解算器

使用IK解算器，可以在层次中设置多个链，如图12-50所示。该解算器的算法属于历史独立型，无论涉及的动画帧有多少，都可以加快使用速度，在第1000帧的速度与在第5帧的速度相同。IK解算器可创建目标和末端效应器，且在视图中稳定而无抖动，还可使用旋转角度调整解算器平面，方便定位肘部或膝盖。HI解算器的参数设置面板如图12-51所示，其中各选项含义如下。

图12-50 IK解算器
的运用

图12-51 "IK解算器"
参数设置面板

➤ IK解算器类型：在列表中可以选择IK解算器的类型。
➤ 启用：单击该按钮，可以启用或禁用链的IK控件。是"HI IK控制器"中一个FK子控制器，

激活"启用"按钮，可使FK子控制器的值被IK控制器所覆盖；禁用"启用"按钮，可使用FK值。
➤ IK/FK捕捉：单击该按钮，可在IK模式中执行FK捕捉，或者在FK模式中指定IK捕捉。
➤ 设置为首选角度：单击该按钮，可为HI IK链中的每个骨骼设置首选角度。
➤ 采用首选角度：单击该按钮，可复制每个骨骼的X、Y和Z首选角度通道，并将这些通道放置到FK旋转子控制器中。
➤ 拾取起始关节：单击该按钮，可在场景中拾取IK链的一端。
➤ 拾取结束关节：单击该按钮，可在场景中拾取IK链的另一端。

12.2.1 HD解算器

HD解算器可以设置关节的限制和优先级，具有与长序列有关的性能问题，所以在短动画序列才能得到较好的应用，其算法属于历史依赖型。

HD解算器可将末端效应器绑定到后续对象，且可使用优先级和阻尼系统来定义关节参数。而且HD解算器还允许将滑动关节限制与IK动画进行组合，此外，HD解算器还允许在使用FK移动时限制滑动关节，如图12-52所示。选择单个的骨骼或者对象，在图12-53所示的"IK控制器参数"设置面板中可以调整链中所有骨骼或层次链接对象的参数，其中各选项含义如下。

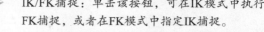

图12-52 HD解算器的运用

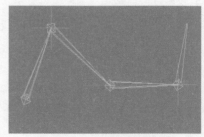

图12-53 "IK控制器参数"设置面板

3ds Max+VRay动画及效果图制作从新手到高手

➤ 阈值位置：在选项中使用mm单位来指定末端效应器与其关联对象之间的"溢出"因子。

➤ 阈值旋转：在选项中指定末端效应器和相关联对象之间旋转错误的可允许度数。

➤ 迭代次数：在选项中指定用来解算IK解决方案允许的最大迭代次数。

➤ 起始/结束时间：在选项中指定解算IK的帧范围。

➤ 显示初始状态：勾选该复选框，可关闭实时IK解决方案。在IK计算引起任何变化之前，系统会将所有链中的对象移动到初始位置及方向。

➤ 锁定初始状态：勾选该复选框，可锁定链中的所有骨骼或对象，以防止对其进行位置变换。

➤ 位置：单击"创建"或"删除"按钮，可创建或删除"位置"末端效应器。假如该节点已有一个末端效应器，则仅有"删除"按钮可用。

➤ 旋转：在该选项中可创建或删除"旋转"末端效应器。

➤ 链接：单击该按钮，可使选定对象成为当前选定链接的父对象。

➤ 取消链接：单击该按钮，可取消当前选定末端效应器到从父对象的链接。

➤ 删除关节：单击该按钮，可删除对骨骼或层次对象的所有选择。

➤ 移除IK链：单击该按钮，可从层次中删除IK解算器。

12.2.2　IK肢体解算器

IK肢体解算器的创建效果如图12-54所示，仅能对链中的两块骨骼进行编辑操作。IK肢体解算器可以用来设置角色手臂和腿部的动画，还可导出游戏引擎，其算法为历史独立型，因此无论所涉及的动画帧有多少，都可加快使用速度。与HI解算器一样，IK解算器也使用旋转角度来调整该解算器平面，以方便定位肘部或膝盖。IK解算器的参数设置面板如图12-55所示。

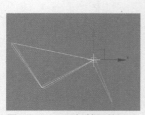

图12-54　IK解算器的运用

图12-55　"IK解算器"参数设置面板

12.2.3　样条线IK解算器

样条线IK解算器可通过样条线来确定一组骨骼或其他链接对象的曲率，创建效果如图12-56所示。IK样条线中的顶点又称作节点，节点数可少于骨骼数，样条线的节点可以移动，或者对其设置动画，以更改样条线的曲率。样条线节点可以在三维空间中任意移动，所以链接的结构可以进行复杂地变形。"样条线IK解算器"的参数设置面板如图12-57所示，其中各选项含义如下。

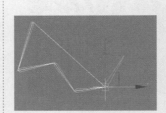

图12-56　样条线IK解算器 　　图12-57　"样条线
　　的运用　　　　　　　IK解算器"参数设置面板

➤ 样条线IK解算器列表：列表中提供了解算器的名称。

➤ 启用：单击该按钮，可启用或禁用解算器控件。

➤ 拾取图形：在场景中拾取一条样条线作为IK样条线。

➤ 拾取起始关节：单击该按钮，可在场景中拾取样条线IK解算器的起始关节并显示对象的名称。

➤ 拾取结束关节：单击该按钮，可在场景中拾取样条线IK解算器的结束关节并显示对象的名称。

【练习12-3】：用样条线IK解算器制作蛇的爬行动画

① 打开"第12章\12-3制作蛇的爬行动画.max"文件，场景中已经准备好蛇的模型，如图12-58所示。

02 依照蛇的模型绘制样条线，如图12-59
所示。

图12-58　打开素材文件

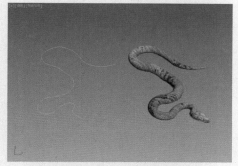

图12-59　绘制样条线

◎提示·◦

　　如果要知道样条线的长度，可以执行"使用
程序"→"测量"命令，如图12-60所示。

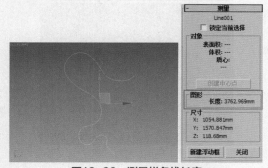

图12-60　测量样条线长度

03 调整好样条线和蛇模型的位置，单击"长方
体"按钮，在场景中创建一个样条线相等长度的
长方体模型，如图12-61所示。

04 单击"创建"→"系统"→"骨骼"按钮，
激活捕捉工具在顶视图中创建骨骼，如图12-62
所示。

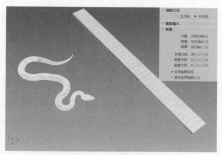

图12-61　创建长方体

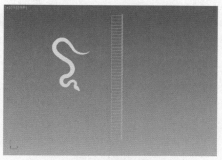

图12-62　创建骨骼

05 选择前端的关节，执行"动画"→"IK解算
器"→"样条线IK解算器"命令，将骨骼两端
连接起来，保持链接状态在点击样条线，如图
12-63所示。

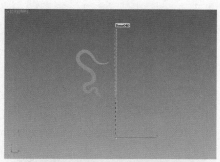

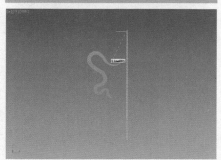

图12-63　添加样条线IK解算器

06 这时骨骼会匹配到样条线上，如图12-64
所示。

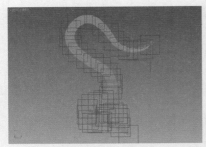

图12-64　匹配骨骼

07 选择蛇模型，在"修改"面板中加载"蒙皮"修改器，并将场景中的骨骼添加到列表中，如图12-65所示。

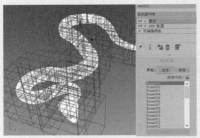

图12-65　加载"蒙皮"修改器

08 开启"自动关键点"，在"命令"面板中的"路径参数"卷展栏中，分别在第10、20和30帧处调节"%沿路径"参数，如图12-66~图12-68所示。

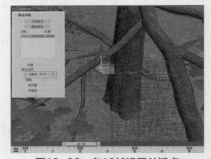

图12-66　在10帧设置关键点

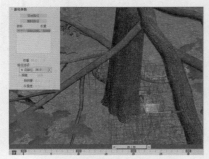

图12-67　在20帧设置关键点

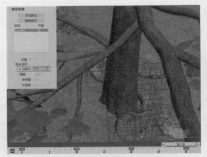

图12-68　在30帧设置关键点

09 设置完成动画，选择较好的动画帧进行渲染，效果如图12-69所示。

图12-69　静帧渲染

12.3　Biped

3ds Max还为用户提供了一套非常方便且非常重要的人体骨骼系统——Biped骨骼。使用Biped工具创建出的骨骼与真实的人体骨骼基本一致，因此使用该工具可以快速制作出人物动画，同时还可以通过修改Biped工具的参数来制作出其他生物。

在"创建"面板中单击"系统"按钮，然后设置系统类型为"标准"，接着使用Biped工具在视图中拖动鼠标即可创建一个Biped，如图12-70所示。

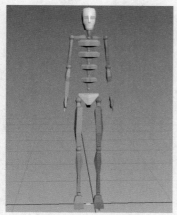

图12-70　匹配骨骼

Biped的创建参数包含一个"创建Biped"卷展栏，如图12-71所示。

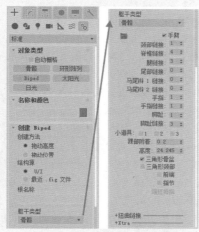

图12-71　"创建Biped"卷展栏

"创建Biped卷展栏"中各参数介绍如下。

1．"创建方法"选项组

➤ 拖动高度：以拖动鼠标的方式创建Biped。

➤ 拖动位置：如果选择这种方式，那么不需要在视图中拖动鼠标，直接单击即可创建Biped。

2．"结构源"选项组

➤ U/I：以3ds Max默认的源创建结构。

➤ 最近.flg文件：以最近用过的.flg文件创建结构。

3．"躯干类型"选项组

➤ 躯干类型下拉列表：选择躯干的类型，包含骨骼、男性、女性、标准4种选项，如图12-72~图12-75所示。

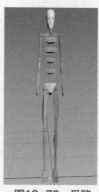

图12-72　骨骼　　　图12-73　男性

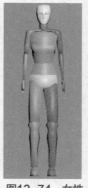 

图12-74　女性　　　图12-75　标准

➤ 手臂：控制是否将手臂和肩部包含在Biped中，如图12-76所示为取消勾选该复选框时的Biped效果。

➤ 颈部链接：设置Biped颈部的链接数，取值范围是1~25，默认值为1，如图12-77和图12-78所示是设置"颈部链接"为2和4时的Biped效果。

图12-76　取消"手臂"　　图12-77　2个颈部链接
复选框的勾选

图12-78　4个颈部链接

➢ 脊椎链接：设置Biped脊椎上的链接数，取值范围是1～10，默认值为4，如图12-79所示是设置"脊椎链接"为2和6时的Biped效果。

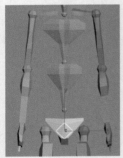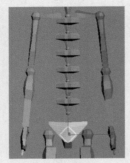

脊椎链接数为2　　　　脊椎链接数为6

图12-79　脊椎数效果

➢ 腿链接：设置Biped腿部的链接数，取值范围是3～4，默认值为3。

➢ 尾部链接：设置Biped尾部的链接数，值为0表明没有尾部，其取值范围是0～25，如图12-80所示是设置尾部链接为3和8时的Biped效果。

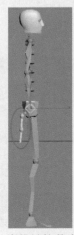

脊椎链接数为2　　　脊椎链接数为8

图12-80　尾部链接效果

➢ 马尾辫1/2链接：设置马尾辫链接的数目，其取值范围是0～25，默认值为0，如图12-81所示是设置"马尾辫2链接"为2和10时的Biped效果。

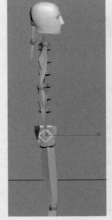

马尾辫链接数为2　　　马尾辫链接数为10

图12-81　尾部链接效果

➢ 手指：设置Biped手指的数目，取值范围是0～5，默认值为1。

➢ 手指链接：设置每个手指链接的数目，其取值范围是1～4，默认值为1。

➢ 脚趾：设置Biped脚趾的数目，取值范围是1～5，默认值为1。

➢ 脚趾链接：设置每个脚趾链接的数目，其取值范围是1～3，默认值为3。

➢ 小道具1/2/3：这些道具可以用来表示附加到Biped上的工具或武器，最后可以开启3个小道具。在默认情况下，道具1出现在右手的旁边，道具2出现在左手的旁边，道具3出现在躯干前面的中心。

➢ 踝部附着：设置踝部沿着相应足部块的附着点。

➢ 高度：设置当前Biped的高度。

➢ 三角形骨盆：勾选该复选框后，可以创建从大腿到Biped最下面一个脊椎对象的链接。

➢ 三角形颈部：勾选该复选框后，可以将锁骨链接到顶部脊椎，而不是链接到颈部。

➢ 前端：勾选该复选框后，可以将Biped的手和手指作为脚和脚趾。

➢ 指节：勾选该复选框后，将使用符合解剖学特征的手部结构，每个手指均有指骨。

➢ 缩短拇指：勾选该复选框后，拇指将比其他手指(具有4个指骨)少一个指骨。

【练习12-4】：用Biped制作人体行走动画

01 打开"第12章\用Biped制作人物走路动画.max"文件，场景中提供了一个创建好骨骼蒙皮的人物模型，单击"自动关键点"按钮，打开自动关键点，如图12-82所示。

图12-82 打开自动关键点

02 然后单击"时间配置"按钮打开时间配置窗口，设置动画帧速率为"NTSC"，此选项的帧速率为30帧每秒，常用于游戏动画。影视动画则选择"PAL"，此选项为25帧每秒。然后在"动画"栏中设置"结束时间"为32帧，设置完成后单击"确定"按钮，如图12-83所示。

图12-83 设置时间配置

03 在第0帧的位置，选择移动工具将人物的质心下移，然后将人物右脚前移，左脚后移，以网格线作为地面参考线，并单击"设置滑动关键点"按钮 将两只脚固定在参考线上，将人物摆成一个走路的姿势，如图12-84所示。

图12-84 设置关键点

04 女性走路两腿不宜太宽，可以从前视图中进行调整，手部按照人物走路的运动规律，与腿相反的方向运动。盆骨向腿部运动的方向旋转，在弯曲链接栏下单击按钮 打开弯曲链接模式，将胸部骨骼向右旋转，在此模式下，只需旋转一根骨骼，身体的其他两根骨骼会关联旋转。

05 调整好pose后，在"轨迹选择"栏中启用"锁定COM关键点"，然后单击躯干的"水平""垂直"和"旋转"按钮，这样可以将质心点同时选中，然后框选所有骨骼，单击"设置关键点"按钮 将所有没有调整过的骨骼都设置关键点，以免被前后关键点影响，如图12-85所示。

06 框选所有的骨骼，按住Shift键不松拖动复制第0帧的关键点到32帧的位置，形成一个循环走路的动作效果，如图12-86所示。

图12-85 调整Pose

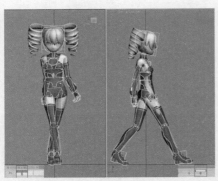

图12-86　复制关键点

07 选择任意一块骨骼，单击按钮 创建一个集合，然后单击"姿势"按钮，最后单击"复制姿势"按钮 ，复制当前的姿势，如图12-87所示。

08 将时间滑块移动到第16帧的位置，单击"向对面粘贴姿势"按钮 ，将复制好的pose向反方向粘贴，效果如图12-88所示。此时拖动关键点，可以大致看出人物走路的运动规律。

09 将时间滑块移动到第8帧的位置，将右脚上移与参考线对齐，并单击按钮 设置其为滑动关键点，然后将左脚设置为自由关键点，上移并旋转，让左脚有个向前的趋势，将质心向右上方移动，让右腿站直，重心向右侧偏移，如图12-89所示。

图12-87　复制pose

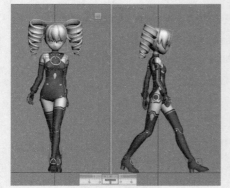

图12-88　粘贴pose

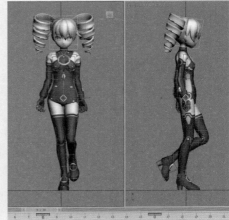

图12-89　调整左脚上抬pose

10 将时间滑块移动到第24帧的位置，以同样的方法制作出左脚着地右脚上抬，重心向左的姿势，如图12-90所示。

11 将时间滑块移动到第2帧的位置，旋转右脚，让脚在地面踩实，并设置为滑动关键点，然后将左脚微微上抬，设置为自由关键点，制作出起步走的姿势，如图12-91所示。

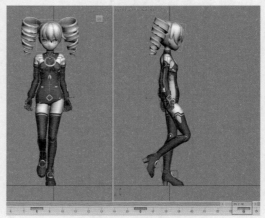

图12-90　调整右脚上抬Pose

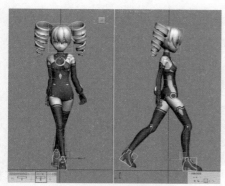

图12-91 调整起步走Pose

⑫ 将时间滑块移动至第5帧,将左脚继续上抬,盆骨进行旋转,制作出女性走路的姿势,如图12-92所示。

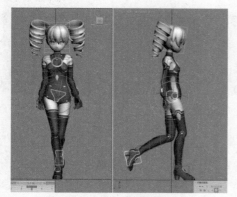

图12-92 制作左腿后抬pose

⑬ 将时间滑块移动到第12帧的位置,将人物质心上移,让着地的脚站直,将左脚设置成自由关键点,并向前移动,让人物有个前跨的姿势,如图12-93所示。

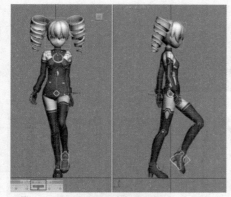

图12-93 制作前跨pose

⑭ 以同样的方法,制作出右腿上抬并前跨的中间帧,如图12-94所示。

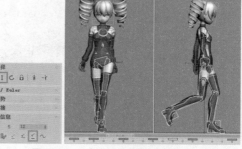

图12-94 制作右腿前跨中间帧

⑮ 分别在第8帧和第24帧的位置对手臂和手腕进行调整,手往前运动时,将小臂和手腕向后旋转,手向后甩时,将小臂和手腕向前旋转,让手臂每次运动时,小臂和手腕都有惯性置后,这样甩手时,手臂就不会显得僵硬,如图12-95所示。

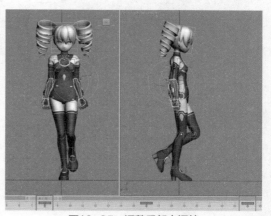

图12-95 调整手部中间帧

⑯ 在最后一帧的位置分别选择头部、手臂、身体、腿、盆骨和质心的三个轴点,然后将关键点信息栏下的"张力"设置为50,这样,人物在回到初始Pose时就会缓入缓出,不会因为动画突然停止而出现卡顿的现象,如图12-96所示。

⑰ 框选所有的骨骼,按住Shift键不松,将设置好张力的最后一帧复制到第0帧的位置,这样,两个同样的pose之间就会衔接自然,如图12-97所示。

图12-96 设置张力

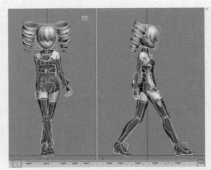

图12-97　复制关键点

⑱ 单击"播放动画"按钮，可以查看制作好的走路动画，如图12-98所示。

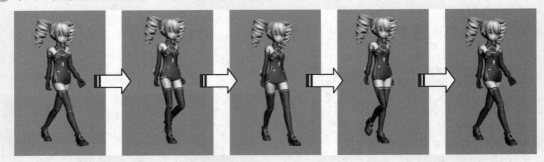

图12-98　查看动画

知识拓展

　　第11章所介绍的都是通过一些简单设置就可以完成的动画效果，但是要制作诸如人、动物行走的动画，使用基础动画工具就会非常吃力，因为行走的姿态、步伐等均有差异，可以说是牵一发而动全身。因此本章在第11章的基础上，介绍了制作动画所需用到的一些高级命令，例如骨骼、蒙皮、Biped等，这些工具对于制作行走、爬行甚至飞行等动画效果来说非常理想。

拓展训练

　　运用本章所学的知识，选择合适的动画命令，制作游戏人物打斗动画，如图12-99所示。

图12-99　拓展训练——制作打斗动画

第13章
小客厅效果图设计

本章将通过一个小客厅效果图设计的案例，来讲解室内家装效果图表现的流程和方法，会使用到木纹、布艺等常用材质。本章节的学习重点在于熟练地掌握室内效果图的制作方法。

13.1　创建摄影机和设置渲染器

由于室内模型文件一般都比较大，因此在进行室内效果图制作时，如果是创建某个局部空间的效果图，例如客厅、卧室、餐厅等，那么可以先在模型环境中调整到合适的视口，并创建摄影机以获得最佳的观察角度，最后再添加材质进行渲染。这种操作流程的好处是能兼顾到计算机的性能，如果先创建材质再进行视口选择的话，操作会十分卡顿。

13.1.1　创建摄影机

01 打开素材文件"第13章\小客厅.max"，场景中已经设置好房屋的模型，如图13-1所示。

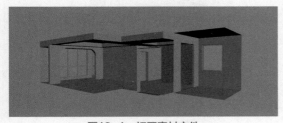

图13-1　打开素材文件

◎提示·◦

如果模型文件过大，但要制作的效果图只是其中的某个局部空间，那么可以自行将多余的部分删去。例如本节所提供的模型文件便是一个删减后的不完整模型，其中只保留了小客厅和其他连接部分。

02 切换到顶视图，图中左下角红线框起来的区域是客厅，如图13-2所示。

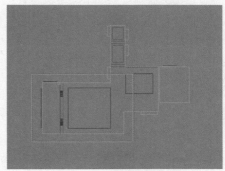

图13-2　查看客厅位置

03 在"创建"面板中单击"摄影机"按钮，打开摄影机创建面板，然后在标准摄影机面板中单击"目标"按钮启用目标摄影机，如图13-3所示。

图13-3　启用"目标"摄影机

04 在顶视图中创建目标摄影机，摄影机对准客厅的方向，如图13-4所示。

图13-4 创建"目标"摄影机

05 按快捷键C切换到摄影机视图,视口标签的"观察点(POV)"显示为"Camera 001",此时视口显示模式为"线框",如图13-5所示。

图13-5 切换到摄影机视图

06 按快捷键F3将视口切换为以"默认明暗处理"方式显示,如图13-6所示,然后在界面下方的视口导航控件中单击"环游摄影机"按钮，这时光标将会在视口中变为环游摄影机工具图样，拖动光标即可围绕目标旋转摄影机,调整摄影机的拍摄角度。单击"平移摄影机"按钮，光标即会切换为平移摄影机工具图样，拖动光标可沿着平行于摄影机视图的方向移动摄影机及其目标,从而调整摄影机的拍摄位置。

图13-6 切换显示模式

07 使用视口导航控件中的工具,将摄影机调整到合适的角度,最终效果如图13-7所示。

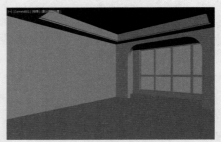

图13-7 摄影机视图最终效果

13.1.2 设置测试渲染参数

创建好房屋模型后,需要编辑场景中的材质和灯光。为了能够判断出材质和灯光的具体效果,则需要事先设置好测试渲染的参数,这样既可以在渲染场景时测试场景效果,又可以尽可能地缩短渲染时长,具体操作步骤如下。

01 在主工具栏中单击"渲染设置"按钮，打开"渲染设置:扫描线渲染器"对话框,如图13-8所示。

图13-8 "渲染设置:扫描线渲染器"对话框

02 在"渲染设置"对话框的顶部控件中单击"渲染器"按钮,展开"渲染器"下拉列表,选择"V-Ray Next,update 3"选项,如图13-9所示。

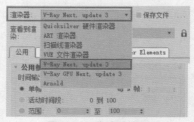

图13-9 指定渲染器

03 在"公用"面板的"公用参数"卷展栏中,将"输出大小"组中的"宽度"和"高度"分别设置为500和250,这时"图像纵横比"为2,单击"图像纵横比"后方的"锁定"按钮 🔒,将图像纵横比锁定为当前值,如图13-10所示,之后在进行渲染出图时,修改宽度和高度的任意值,图像纵横比的值都可保持不变。

图13-10 设置"输出大小"

04 锁定"图像纵横比"之后,按快捷键Shift+F可使视口显示安全框,安全框的边界用于区分渲染的可见区域,当渲染输出的图像纵横比不匹配视口纵横比时,安全框可以显示视口的安全区域,将视口的工作范围限定在安全区域中,以确保渲染输出的图像比例与视口中查看到的图像比例一致,如图13-11所示为显示安全框的效果。

图13-11 显示安全框

05 单击"V-Ray"按钮打开渲染器设置面板,并展开"图像采样器(抗锯齿)"卷展栏,如图13-12所示。

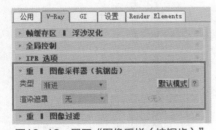
图13-12 展开"图像采样(抗锯齿)"

06 展开采样器类型,单击"块"按钮将图像采样器的类型设置为"块",如图13-13所示。

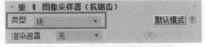
图13-13 设置图像采样类型

> ⊙ 提示 ·○
>
> V-Ray的图像采样类型中包含了"块"和"渐进"两种。"块"的采样方式是将图像分成多个矩形(块)区域,渲染在矩形区域内的图像,这种工作模式使内存效率更高,更适用于分布式渲染。而"渐进"的采样方式与"块"相反,是在整体图像上渲染一次,逐步对整个图像进行采样,并随着时间的推移细化细节,这意味着可以更快地看到一个图像,但缺点是在处理较多渲染元素时,内存中需要保存更多的数据,降低CPU的利用率。

07 展开"图像过滤器"卷展栏,取消勾选"图像过滤器"复选框,因为测试渲染的阶段无须过滤图像边缘的锯齿,如图13-14所示。

图13-14 设置图像过滤

08 展开"渲染块图像采样器"卷展栏,取消勾选"最大细分"复选框,关闭自适应采样,使渲染按固定比率(最小细分:1)进行采样,从而缩短渲染时长。然后将"渲染块宽度"设置为32,如图13-15所示,宽度和高度默认情况下是锁定为一致的,因此渲染块的高度会随宽度的大小而改变,渲染块较大时,占用的内存会相对较多。渲染块的大小取决于渲染块的分割方法("系统"卷展栏的"分割方法"选项),默认情况下以像素为单位进行测量。

图13-15 设置块图像采样器

09 展开"全局品控"卷展栏,单击"默认模式"按钮,将全局品控切换到高级模式,从而可以进行更多的参数设置,如图13-16所示。

图13-16 切换为高级模式

⑩ 设置全局品控。在"全局品控"卷展栏中勾选"使用局部细分"复选框，只有勾选复选框后才可以对材质、灯光各自设置细分值，并在渲染时使用各自的细分值，当取消勾选时，V-Ray将根据图像采样器的最小阴影率参数，自动确定其对材料、灯光和其他阴影效果的采样值。考虑到渲染尚处于测试阶段，可将"细分倍增"设置为最小值0.1，该参数将在渲染时与所有的子细分值相乘，因此，当值小于1时，可总体降低材质、灯光的细分值，从而提升渲染速度。然后设置"最小采样"为8、"自适应数量"为0.95（该参数最小值为0，最大值为1。参数越接近1时，意味着越接近完全适应）、"噪波阈值"设置为0.5（该参数越大，采样越少，质量更低），以提升渲染速度，如图13-17所示。

图13-17　设置全局品控参数

⑪ 展开"颜色映射"卷展栏，在颜色贴图类型的下拉菜单中选择"指数"选项，该模式对于防止明亮区域曝光过度有很好的效果，如图13-18所示。

图13-18　设置颜色贴图类型

⑫ 单击"GI"切换到GI控制面板，然后展开"全局照明GI"卷展栏，将GI的首次引擎设置为"发光贴图"，如图13-19所示。

图13-19　设置GI引擎

◎提示·◦○

　　在进行室内效果图渲染时，通常将GI的首次引擎设置为"发光贴图"，二次引擎使用默认的"灯光缓存"。

⑬ 在GI面板中展开"发光贴图"卷展栏，将发光贴图的预设设置为"非常低"，如图13-20所示。之后分别设置"细分值"为30、"自动搜索距离"为10，如图13-21所示。

图13-20　设置发光贴图预设

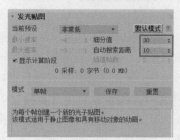

图13-21　设置发光贴图参数值

⑭ 展开"灯光缓存"卷展栏，将"细分值"设置为100，"采样大小"可以设置为0.02（此参数越小越精细），取消勾选"折回"复选框，如图13-22所示。

图13-22　设置灯光缓存

⑮ 单击"设置"按钮切换到设置面板，展开"系统"卷展栏，然后展开"序列"下拉菜单，并选择"顶→底"选项，使渲染块按从上到下的顺序进行渲染，如图13-23所示。

图13-23　设置系统参数

◎提示·◦

以上为测试渲染小图时的参数设置。

13.1.3 保存和加载渲染预设

为了相对快速地预览渲染效果，可以在特定的情形下（例如测试渲染）使用特定的渲染预设，这样可以减少设置渲染器参数的时间，并且可以方便地在多台机器上使用相同的渲染参数。

01 启用"保存预设"。设置好渲染参数后，在"渲染设置"对话框顶部单击"未选定预设"按钮，打开预设下拉菜单，如图13-24所示，然后在预设下拉菜单中单击"保存预设"按钮，如图13-25所示，随后会弹出"保存渲染预设"对话框。

图13-24　打开"预设"下拉菜单

```
3dsmax.scanline.no.advanced.lighting.draft
3dsmax.scanline.no.advanced.lighting.high
3dsmax.scanline.radiosity.draft
3dsmax.scanline.radiosity.high
Quicksilver.hardware.renderer
加载预设...
保存预设...
```

图13-25　启用"保存预设"

02 设置渲染预设的保存路径和类别。在"保存渲染预设"对话框中选定一个用于存放渲染预设的文件夹，并设置好预设名称，单击"保存"按钮，如图13-26所示。

图13-26　设置路径和名称

03 在弹出的"选择预设类别"对话框中选择需要保存的渲染参数类别，这里选择当前设置好的"公用"参数和V-Ray渲染器参数进行保存，选定类别之后单击"保存"按钮，即可完成渲染预设的保存，如图13-27所示。

图13-27　设置预设类别

◎提示·◦

在设置预设名称时，宜使用英文、数字或拼音，这样可避免预设选项中出现乱码。本例保存的预设文件名称为test_render.rps。

使用预设文件时，只需在"渲染设置"对话框的"预设"下拉列表中选择对应的预设名称，如图13-28所示，然后在"选择预设类别"对话框中选择所需的参数类别即可，如图13-29所示。如果想要使用在其他机器上保存的预设文件，则需要在加载预设文件后才能使用。

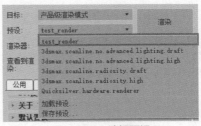

图13-28　选择预设

图13-29　选择预设类别

04 加载预设文件。打开"渲染设置"对话框，在"预设"下拉菜单中单击"加载预设"按钮，如图13-30所示，然后在"渲染预设加载"对话框中选择需要加载的预设文件，并单击"打开"按钮将其加载到"预设"下拉菜单的选项中，如图13-31所示，之后再按正常程序使用预设即可。

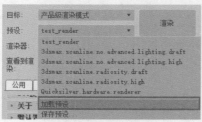
图13-30　启用"加载预设"

图13-31　加载预设文件

13.2　编辑材质

摄像机视口和渲染预设参数设置完毕后，便可以创建对应的材质来进一步完善要渲染的图形。在创建材质时，除了用到3ds Max自带的部分材质外，有时还需要借助V-Ray中的材质。

13.2.1　编辑墙面和地面材质

01 打开素材文件后，选定墙面模型，如图13-32所示。

图13-32　选定墙面模型

02 在主工具栏中单击"材质编辑器"按钮，打开"Slate材质编辑器"对话框，如图13-33所示，在"板岩材质编辑器"对话框左侧边栏的"材质/贴图浏览器"中，展开"材质"卷展栏下的"V-Ray"材质类型，并双击"VRayMtl"按钮，新建VRay材质。

图13-33　新建VRay材质

03 新建的VRay材质会以"节点"显示在活动视图面板中，如图13-34所示，双击VRay材质节点，材质的属性面板将会在对话框右下方的"材质参数编辑器"中打开。

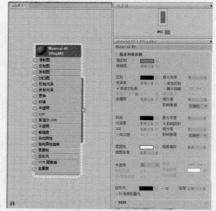
图13-34　打开VRay材质属性面板

04 在材质参数编辑器的"基本材质参数"卷展栏中单击"漫反射贴图"按钮，如图13-35所示。

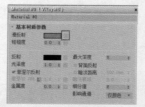
图13-35　启用"漫反射"贴图

05 在弹出的"材质/贴图浏览器"对话框中，选择通用贴图列表下"位图"选项，并单击"确定"按钮开始添加位图，如图13-36所示。

图13-36 设置贴图类型

06 在弹出的"选择位图图像文件"对话框中，选择素材文档里面备好的墙面贴图，然后单击"打开"按钮，如图13-37所示。

图13-37 指定墙面贴图

07 指定贴图后，可以在"贴图"卷展栏中查看到指定好的墙面贴图，同时，在活动视图中可以看到墙面贴图节点的套接字与材质漫反射贴图节点的套接字之间已经创建了关联，如图13-38所示。

08 由于墙面基本不会产生反射，而且墙壁距离视点（摄影机）的位置较远，所以墙壁材质只添加一个漫反射贴图即可，不用调整其他参数。

09 贴图添加完成之后，需要指定到对应的模型上。在"板岩材质编辑器"对话框的工具栏中单击"将材质指定给选定对象"按钮，将墙面材质指定给墙面模型，然后单击"视口中显示明暗处理材质"按钮，使材质效果得以在视口中显示。在视口中显示材质的贴图，从活动视口的

"导航器"中可以看出节点上显示为红色，如图13-39所示。

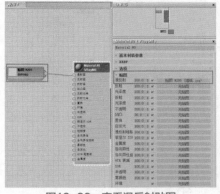

图13-38 查看漫反射贴图

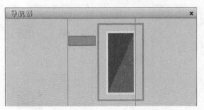

图13-39 指定贴图

10 墙面进行贴图后，在视口中的显示效果如图13-40所示。

图13-40 查看墙面贴图效果

11 在视口中选定地面模型，如图13-41所示。

12 在"板岩材质编辑器"对话框中先新建"VRayMtl"，然后将材质的名称设置为"地面"，并单击"漫反射贴图"按钮开始添加贴图，如图13-42所示。

图13-41 选定地面

第13章 小客厅效果图设计

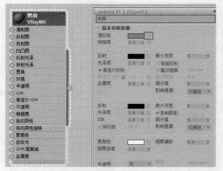

图13-42　新建地面材质

⑬ 在"材质/贴图浏览器"对话框中将贴图类型设置为"位图",接下来按照正常程序添加位图贴图,如图13-43所示。

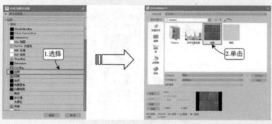

图13-43　指定地面贴图

⑭ 在"反射"选项组中单击"反射贴图"按钮,如图13-44所示。

图13-44　启用"反射贴图"

⑮ 然后在"材质/贴图浏览器"对话框的通用贴图类型中选择"衰减"选项,单击"确定"按钮创建衰减贴图,如图13-45所示。

图13-45　设置贴图类型

⑯ 在反射中添加衰减贴图与使用"菲涅耳反射"的作用相似,都是为了使反射产生强弱变

化。创建衰减贴图后,衰减贴图的节点将会与地面材质的反射贴图套接字形成关联,双击"衰减贴图"节点进入贴图的属性面板,如图13-46所示。

图13-46　双击衰减贴图节点

⑰ 设置衰减贴图的颜色。反射衰减用颜色的灰度表示强弱,颜色越深反射越弱。在"衰减参数"卷展栏中,"前:侧"选项组中的色样默认为黑白两色,单击白色色块,如图13-47所示。

图13-47　单击白色色块

⑱ 在打开的"颜色选择器"对话框中调节"亮度"参数的滑块,使颜色变成中灰色,并单击"确定"按钮执行颜色设置,如图13-48所示。

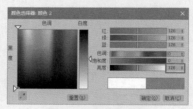

图13-48　设置颜色

⑲ 设置好衰减颜色后,衰减的色样由黑灰两色构成,这样可以降低物体表面整体的反射强度,如图13-49所示。

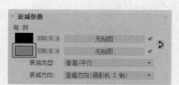

图13-49　查看衰减贴图颜色

⑳ 反射贴图设置完成后,再次双击"地面"材质

3ds Max+VRay动画及效果图制作从新手到高手

节点切换到"材质"属性面板，在"反射"选项组中将"细分值"设置为25（计算机配置较低时，可在此基础上适当降低细分参数），并取消勾选"菲涅耳反射（因为这里已经使用了反射贴图）"复选框，设置"最大深度"为3、"光泽度"为0.8（常见材质一般0.8左右），如图13-50所示。

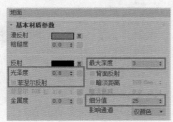

图13-50　设置反射参数

◎提示·◎

细分参数可以控制光泽反射的质量，细分越高，产生的效果更平滑，但过高的数值会增加渲染时间，在渲染时，该数值将会与"全局品控"中的细分倍增值相乘。"最大深度"参数是指计算机计算反射的次数，因为现实生活中反射是无限次数的，反射的次数越多，反射的内容越丰富，但计算机的计算却需要次数的限制，无法实现无限制的反射计算，参数越大，渲染的时间越长。"菲涅耳反射"是一种光学现象，当启用时，物体表面的反射强度取决于表面与视线的夹角，夹角越小，则反射越强烈，这里墙面与视线的夹角都比较大，而且墙面本身并不是特别反光的材质，因此虽然墙面存在菲涅耳反射，但禁用"菲涅耳反射"对墙面的效果影响不大，而且减少渲染计算的时间。

㉑ 展开"BRDF（毕奥定向反射分配函数）"卷展栏，打开BRDF类型的下拉菜单并选择"Blinn"选项，如图13-51所示。BRDF类型能够确定物体表面的高光形状，而"Blinn"是一种多用途的BDRF，适合许多常用材质。

图13-51　设置BRDF类型

㉒ 展开"选项"卷展栏，取消勾选"光泽菲涅耳"复选框，如图13-52所示。

图13-52　取消勾选"光泽菲涅耳"

㉓ 为了使地板材质的效果更加细致，可以给地面材质增加一个"凹凸贴图"，增加墙面材质的质感。拖动位图贴图节点的套接字，并连接到"墙面"材质的"凹凸图"的输入套接字上，使墙面贴图同时用作漫反射贴图和凹凸贴图，如图13-53所示。

图13-53　指定凹凸贴图

㉔ 展开"贴图"卷展栏，将"凹凸"参数设置为-100，增加材质凹凸的强度，如图13-54所示。

图13-54　设置凹凸强度

㉕ 设置好材质之后，可以双击如图13-55所示的材质球放大预览材质效果。如图13-56所示为地面材质当前的预览效果，已经非常接近地砖的真实效果。

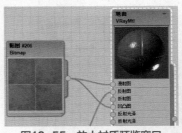

图13-55　放大材质预览窗口

图13-56　预览地面材质效果

㉖ 参照为墙面指定材质时使用的方法，为地面模型指定设置好的地面材质。如图13-57所示为地面模型进行贴图之后的效果，可以发现贴图效果非常不理想，整个地面的颜色浑然一体，没有地砖应有的效果，这是因为在地面材质中，贴图只是一块地砖的效果，现在将这一块地砖贴图赋予到了整个地面模型上，就会产生非常严重的拉伸。因此，接下来需要为地面模型添加"UVW贴图"修改器，将贴图坐标应用到模型上，从而指定将贴图投影到模型上的方式。

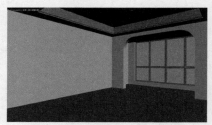

图13-57 查看地面贴图效果

㉗ 选定地面模型后，切换到"修改"面板，展开"修改器列表"，然后在下拉菜单中选择"UVW贴图"选项，如图13-58所示。

图13-58 添加"UVW贴图"修改器

㉘ 随后在"修改"面板的"参数"卷展栏中，将贴图的"长度"和"宽度"都设置为800。这里的长度和宽度是指"UVW贴图"修改器的Gizmo大小，代表的是地砖的尺寸。添加UVW贴图修改器后的地面贴图效果如图13-59所示。

图13-59 查看贴图效果

㉙ 此时，地砖在地面上铺开的效果是横平竖直的，如需修改地砖的排列方向，可在地面贴图的"坐标"卷展栏中进行调整，如图13-60所示。

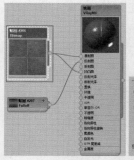

图13-60 "坐标"卷展栏

㉚ 双击位图节点打开贴图属性面板，在"材质参数编辑器"的"坐标"卷展栏中将贴图角度的"W"坐标设置为45，使贴图旋转45度，图13-61所示为旋转贴图之后的效果。

图13-61 设置贴图角度

㉛ 吊顶的材质与墙面的材质基本相同，只需将吊顶的漫反射颜色修改为白色即可，如图13-62所示。

图13-62 设置吊顶颜色

㉜ 当前场景中还并没有设置灯光效果，在此种情况下，想要渲染预览材质效果，就必须要开启场景中的默认灯光进行渲染。打开"渲染设置"对话框，在"V-Ray"面板中展开"全局控制"卷展栏，并切换到高级模式，将"默认灯光"设置为打开状态，如图13-63所示，设置完成后，渲染图像时就不会漆黑一片。

㉝ 按快捷键Shift+Q启用渲染，如果渲染完成后显示为如图13-64所示的渲染效果，那么所看到的效果就不是真正的RGB图像效果，当保存图像时，图像会显示为如图13-65所示的效果。这是

因为VRay内置的帧缓冲区带有更多的功能，例如颜色纠正、白平衡纠正、LUT纠正等，其中sRGB默认为启用的状态，RGB相比于sRGB，色彩空间会更加宽广，所以能再现更鲜艳的色彩，而sRGB的色彩表现会更加平淡。在"V-Ray frame buffer（V-Ray帧缓冲区）"对话框中单击"显示效果在sRGB空间"按钮，禁用sRGB色彩空间，图像就会显示为如图13-65所示的效果。

图13-63　打开"默认灯光"

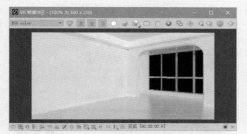

图13-64　关闭"显示效果在sRGB空间"

图13-65　预览材质效果

13.2.2　创建外景贴图

在制作室内效果图时，通常都需要用到外景贴图来模拟窗外的景色，这里以白天为例。

01 切换到顶视图，客厅在左下角的位置，窗户在客厅的左侧，也就是外景贴图的创建位置，如图13-66所示。

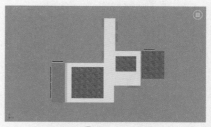

图13-66　切换视图 **02** 在"创建"面板中启用"弧"工具，在客厅左侧创建弧形样条线，包围整个窗户，并将弧线转换为可编辑样条线。在"样条线"层级中设置弧线的轮廓值（10左右），使弧线具有厚度，如图13-67所示。

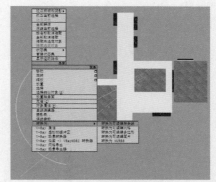

图13-67　创建弧形样条线

03 在"修改"面板中为样条线添加"挤出"修改器，并将挤出参数设置为与楼层同高，外景贴图模型创建好之后的效果如图13-68所示。

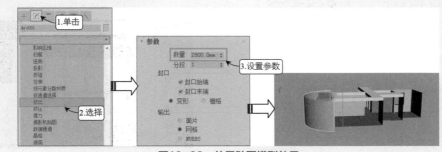

图13-68　外景贴图模型效果

04 由于外景贴图的尺寸与外景贴图模型的尺寸可能存在差异，通常需要通过调整贴图的投影方式以防贴图拉伸变形，所以这里需要添加"UVW贴图"修改器。在"修改器列表"中选择"UVW贴图"，如图13-69所示。

图13-69　添加"UVW贴图"修改器

05 然后在"参数"面板中将贴图方式设置为"长方体"，如图13-70所示，Gizmo的大小会自动匹配模型的总体长宽高。

06 打开"板岩材质编辑器"，在左侧"材质/贴图浏览器"面板的"V-Ray"材质中双击"VRay灯光材质"选项，新建VR灯光材质，如图13-71所示。

图13-70　设置贴图方式　图13-71　新建VR灯光材质

07 参照前面讲解的方法导入位图贴图，作为VR灯光材质的灯光颜色贴图，如图13-72所示。

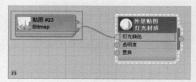

图13-72　设置贴图角度

08 使用灯光材质可以使外景贴图自身发光，模拟白天的自然光线。在灯光材质的"参数"卷展栏中将"颜色倍增"设置为2，增加材质的亮度，如图13-73所示。

图13-73　设置颜色倍增参数

09 将设置好的外景贴图材质指定到模型上，这里要注意的是，需要选定位图节点，并按下"视口中显示明暗处理材质"按钮，才可以使外景贴图在视口中显示，如图13-74所示，如图13-75所示为外景贴图在视口中的显示效果。

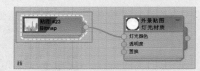

图13-74　指定贴图材质

图13-75　查看贴图效果

10 如果贴图的效果出现拉伸，可以通过调整Gizmo的尺寸来调整贴图。将Gizmo的"长度"改为6000，"高度"改为3000，这时外景贴图中的建筑物就变得瘦长很多，如图13-76所示。

图13-76　设置Gizmo尺寸

3ds Max+VRay动画及效果图制作从新手到高手

⑪ 将"全局控制"中的"默认灯光"设置为关闭，此时场景中除了外景贴图使用的灯光材质之外，没有其他灯光，然后按快捷键Shift+Q进行渲染，如图13-77所示为渲染得到的效果，窗外的光线照进房屋，能够隐约看到房屋内的轮廓。

图13-77　预览外景贴图效果

13.2.3　导入成品模型

制作效果图时，为了加快制图速度，多数情况下不用进行家具摆件的建模，而是在平时收集大量模型及材质贴图，进行归类整理并建立模型库，制图时直接导入成品模型，以最大限度节约作图时间，具体操作步骤如下。

① 打开创建好的房屋场景之后，先切换到顶视图，便于摆放沙发、灯具、电视柜等家装成品模型的位置，如图13-78所示。

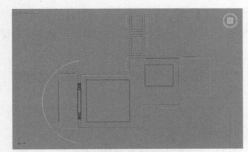

图13-78　切换为顶视图

② 在主菜单栏的"文件"下拉菜单中选择"导入"拓展选项中的"合并"命令，向场景中导入成品模型，如图13-79所示。

③ 在弹出的"合并文件"对话框中找到所需的成品模型，然后单击"打开"按钮。在随后弹出的"合并-××（文件名）"对话框中，选择需要导入的物体，该文件内可能存在几何体、图形、摄影机等内容，只需选择所需的模型即可，如果文件中的全部物体都需要导入，则可以单击

"全部"按钮选择全部的物体，然后再单击"确定"按钮确认合并，这样就可以完成导入。如图13-80所示为"桌椅"模型的导入过程。

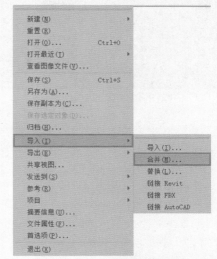

图13-79　执行"合并"命令

图13-80　选定合并文件

④ 如图13-81所示为成品模型导入场景中后的效果，导入完成时，所有导入的模型会默认处于选定状态。移动导入的模型，在顶视图中将他们摆放在客厅中的合适位置，如图13-82所示。

图13-81　查看导入的模型

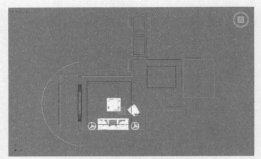

图13-82　调整模型位置

◎提示·◦

　　如果在导入合并成品模型的过程中弹出如图13-83所示的"重复材质名称"对话框，需要在该对话框内勾选"应用于所有重复情况"复选框，并单击"自动重命名合并材质"按钮，使合并文件中具有与场景材质相同名称的材质自动重命名，避免场景或合并文件的材质相互覆盖。

⑤ 之后使用相同的方法合并其他成品模型，完成整个客厅场景的搭建，效果如图13-84所示。

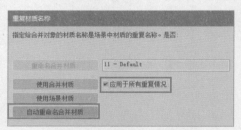

图13-83　自动重命名合并材质

图13-84　场景摆设效果

13.3　创建小客厅灯光

　　模型被赋予材质后，还需要配合良好的光照才能达到最佳的观赏效果，本节介绍基本的布光设置。

13.3.1　添加平面光

① 这里将使用到VRayLight的平面光，VRay平面光在室内效果图的制作中，通常用于模拟室外投射进房间的光线。

② 在"创建"面板的"灯光"类型中，下拉灯光选项菜单，将灯光类型设置为"VRay"，如图13-85所示。然后在"对象类型"中单击"VRayLight"按钮，启用VRay灯光，如图13-86所示。

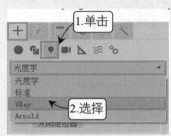

图13-85　设置灯光类型

图13-86　启用VRay灯光

③ 将视口切换到左视图，在如图13-87所示的红框标注位置（客厅窗口）拖动鼠标创建V-Ray灯光，VRay灯光默认为平面光。

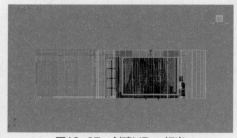

图13-87　创建VRay灯光

④ 创建好灯光之后切换到顶视图，使用移动工具将灯光移动到窗外，如图13-88所示。

⑤ 设置灯光参数。切换到"修改"面板，在VRay灯光的"一般"卷展栏中设置"倍增器"为15，该参数控制的是灯光的亮度，之后再单击"颜色"属性后面的白色色卡打开"颜色选择器"，如图13-89所示。

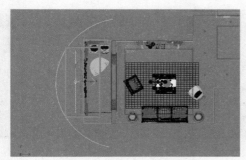

图13-88　调整灯光位置

图13-89　设置倍增参数

06 因为白天室外的光线相对来说偏冷色调，所以在"颜色选择器"对话框中将灯光的颜色设置为浅蓝色，并单击"确定"按钮执行颜色修改，如图13-90所示。

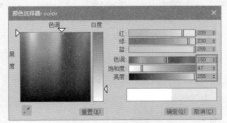

图13-90　设置灯光颜色

07 切换到摄像机视图，执行渲染。如图13-91所示为当前的渲染效果，可以看到室内并没有变得明亮，这是因为窗纱对窗外布置的灯光产生了遮挡，但事实上窗纱对室外光线的遮挡作用很小，所以接下来需要把窗纱排除到灯光的照明和投射阴影的范畴之外，使灯光能够透过窗纱照进室内。

图13-91　查看渲染效果

08 在"修改"面板中展开灯光属性的"选项"卷展栏，并单击"排除"按钮启用排除，如图13-92所示。

图13-92　启用"排除"

09 在弹出的"排除/包含"对话框中找到窗纱对象并选定，单击"添加"按钮 >>，添加到右边的排除栏，添加好需要排除的对象之后，单击"确定"按钮，如图13-93所示。

10 再次执行渲染，效果如图13-94所示。这时，屋内明显比之前要明亮许多，但远离窗口的位置，仍然显得比较昏暗，需要我们将室外的光线继续向内延伸，从而提升室内的亮度。

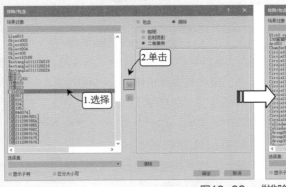

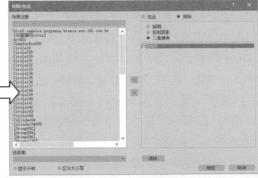

图13-93　"排除"纱窗

图13-94　测试渲染效果

⑪ 切换到顶视图，按住Shift使用移动工具向室内拖动已创建的VRay灯光进行复制，在弹出"克隆选项"对话框中选择"复制"选项，然后单击"确定"按钮，如图13-95所示。

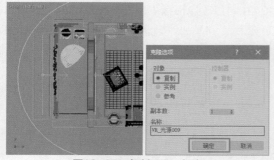

图13-95　复制VRay灯光

⑫ 缩小复制得到的灯光尺寸，设置"半长"为800、"半高"为400，设置"倍增器"为10，并将颜色设置为更浅的蓝色，使光照的冷调减弱，如图13-96所示。

图13-96　设置灯光参数

⑬ 再次执行渲染，效果如图13-97所示。可以看到渲染图中出现了一块空白，这是因为当前VRay灯光本身的属性为可见，所以才会在渲染图中显示为实体，设置"选项"参数就可以解决。

⑭ 在"选项"卷展栏中勾选"不可见"复选框，如图13-98所示。再次渲染得到的效果中，空白区域消失，而且，在少了该平面光的遮挡之后，室内显得更加明亮起来，如图13-99所示。

图13-97　测试渲染效果

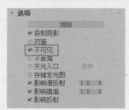

图13-98　设置灯光"不可见"

图13-99　测试渲染效果

⑮ 在房间较大的情况下，需要继续在房间内设置平面光，以使房间足够明亮。参照之前的步骤复制VRay灯光，如图13-100所示。

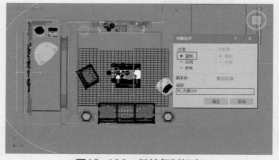

图13-100　继续复制灯光

⑯ 然后将灯光的尺寸和"倍增器"参数继续调小，颜色可直接使用默认的白色，如图13-101所示。另外，灯光在房间中的位置可适当降低，因为光线通常是自上而下投射进室内。

图13-101　设置灯光参数

⑰ 以上就是平面光的基本使用方法，如图13-102所示为平面光设置好后的最终测试效果。

图13-102　平面光最终测试效果

⑱ 注意，在测试阶段时，"采样"卷展栏下的灯光"细分"参数使用默认参数8即可，在最终渲染时，细分参数需要调至20~30左右，如图13-103所示。灯光的细分值越高，渲染出来的光影质感越细腻。

图13-103　最终渲染细分参数

◎提示·◦

灯光的各种参数不是固定不变的，具体要根据实际情况进行调整。

13.3.2　添加球体光

VRay球体光与泛光灯的用法相似，是一种向四面八方均匀照射的点光源，照射范围可以任意调整，无明确的照射方向，通常用于模拟台灯、壁灯或吊灯的灯光。

① 切换到顶视图，将视口缩放到客厅中心吊灯所在的位置，如图13-104所示。在"创建"面板的VRay灯光类型中单击"VRayLight"按钮启用VRay灯光，如图13-105所示，球体光是VRayLight的另一种类型。

② 在"创建"面板的"一般"卷展栏中，将灯光的类型预先设置为"球体"，如图13-106所示。然后在视口中的吊灯上的任意一个灯泡处拖动鼠标创建差不多大小的球体光，如图13-107所示。创建好之后，需要切换到前视图中，将该球体光向上移动到灯泡所在的位置。

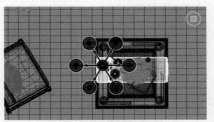

图13-104　切换顶视图

图13-105　启用VRay灯光

 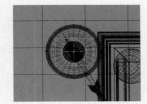

图13-106　设置灯光类型　图13-107　创建VRay球体光

③ 切换至"修改"面板，在"一般"卷展栏中将球体光的"倍增器"参数设置为20，灯光颜色设置为橘黄色，如图13-108所示。

④ 再展开"选项"卷展栏，勾选"不可见"复选框，并取消勾选"影响镜面"和"影响反射"复选框，如图13-109所示。

图13-108　设置球体光参数　图13-109　设置球体光选项

◎提示·◦

禁用"影响镜面"就可使该灯光附近的镜面材质（例如玻璃、墙砖）不会由此灯产生高光效果，从而避免诡异光斑，是否启用视情况而定；而禁用"影响反射"就是使该灯光不会被别的物体反射出来，如果当前灯光为主光源，则必须启用，其他灯光视情况而定，启用后会有更加细腻丰富的光影效果。

⑤ 吊灯的灯泡有6个，因此，在灯光的参数基

本设置好后，可以先复制出其他灯光。切换到"层次"面板，单击"仅影响轴"按钮，如图13-110所示。接下来需要使用旋转复制，先将球体光的轴点对齐到吊灯中心，便于实现快速复制。

图13-110　启用"仅影响轴"

06 在主工具中单击"对齐"按钮 ≡，然后在视口中拾取吊灯中心的物体，在弹出的"对齐当前选择"对话框中设置对齐位置，使球体灯的轴点对齐到吊顶的中心，并单击"确定"按钮执行对齐，如图13-111所示。轴点调整好后，再次单击"仅影响轴"按钮，以退出轴点编辑模式。

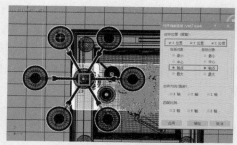

图13-111　调整灯光轴点位置

07 在主工具中单击"选择并旋转"按钮 C 和"角度捕捉"按钮 ⊾，启用旋转工具和角度捕捉工具，然后右击"角度捕捉"按钮 ⊾，打开"栅格和捕捉设置"对话框，在"选项"面板中将"角度"参数设置为60度（360°÷6=60°），如图13-112所示。

图13-112　设置捕捉角度

08 在顶视图中，按住Shift键拖动旋转工具的Z轴

复制球体灯，并绕吊灯中心旋转60度到达另一个灯泡的位置，释放鼠标弹出"克隆选项"对话框，在"对象"组中选择"实例"选项，使复制的球体灯副本成为原始对象的完全可交互克隆对象（即修改实例对象与修改原对象的效果完全相同，始终保持原对象和副本的属性一致性），因为吊灯上所有灯泡的亮度、颜色等属性都是相同的，如图13-113所示。

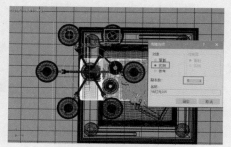

图13-113　复制球体光副本

09 之后再将"副本数"设置为5，使球体灯以60度为距离旋转复制5个副本，并单击"确定"按钮，如图13-114为复制完成后的效果，吊灯的每个灯泡上都有了一个球体灯。

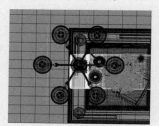

图13-114　复制效果

10 执行渲染，如图13-115所示为吊灯测试渲染的效果。

图13-115　测试渲染效果

11 之后使用相同的方法给台灯添加灯光，如图13-116所示。

12 如图13-117所示为添加了吊灯和台灯灯光之后的渲染效果。

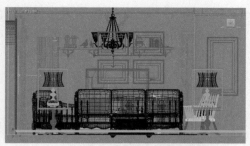

图13-116 添加台灯灯光

图13-117 测试渲染效果

13.3.3 添加LED筒灯灯光

灯光在白天虽然不会表现出特别明亮的感觉，但依然会有微弱的照亮效果，LED筒灯灯光通常用"目标灯光"效果来模拟。接下来，添加一盏平面光补充吊灯打亮下方的效果。

01 切换到顶视图，以"线框"模式显示，图中的小圆圈就是筒灯模型，位于天花板的边缘，如图13-118所示。

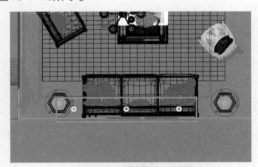

图13-118 切换为顶视图

02 在"创建"面板中将灯光类型切换为"光度学"，然后单击"目标灯光"按钮启用目标灯光工具，如图13-119所示。

03 然后将视口切换到前视图，以筒灯模型为起点向下拖动鼠标创建目标灯光，并切换为顶视图，将灯光移动到靠墙的位置，如图13-120所示。

图13-119 启用目标灯光工具

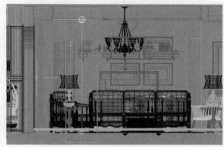

图13-120 创建目标灯光

04 在灯光的"常规参数"卷展栏的"阴影"选项组中勾选"启用"复选框，并将阴影的类型设置为"VRayShadow"，如图13-121所示。

图13-121 设置阴影参数

05 在"灯光分布（类型）"选项组中，将灯光分布类型设置为"光度学 Web"，如图13-122所示。

图13-122 设置灯光分布

图13-123 启用选择光度学文件

⊙提示·⊙

"光度学 Web"是一种可以加载各个制造商所提供的光度学数据文件（以IES 格式描述）的类型，可直观地表示灯源的发光强度如何随着竖直角度的变化而发生变化。

06 在 "分布（光度学 Web）" 卷展栏中单击 "选择光度学文件" 按钮，如图13-123所示。在打开的 "打开光域 Web文件" 对话框中选择 "15.IES（筒灯的Web图）" 选项，并单击 "打开" 按钮进行加载，如图13-124所示。

图13-124 指定光度学 Web文件

07 加载Web图后，"分布（光度学Web）" 卷展栏中会显示图表效果，而目标灯光在视口中的效果也会随之发生改变，如图13-125所示。

图13-125 查看加载文件效果

08 展开灯光属性的 "强度/颜色/衰减" 卷展栏，在 "强度" 选项组中将强度单位设置为 "lm（光通量单位）"，并将参数设置为1200，如图13-126所示。光源的光通量越大，单位时间内发出的光线越多。

图13-126 指定光度学 Web文件

09 设置好灯光参数后，参照创建吊灯灯光的方法，创建出其他LED筒灯的灯光，如图13-127所示。值得注意的是，因为是相同的灯光，所以复制时采用 "实例" 的方法，以便之后进行统一修改。

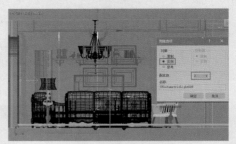

图13-127 复制灯光

10 筒灯灯光创建好的渲染效果如图13-128所示。

图13-128 测试渲染效果

13.3.4 添加补光

在对场景添加了几个主要光源后，对于一些光线照射不到或光线不足的地方，需要通过增加一些灯光来保证场景中不会出现过于昏暗的角落。

01 在吊灯下方添加一盏V-Ray平面光，"倍增器" 参数设置在10左右，用于打亮茶几，如图13-129所示。在沙发、座椅上方添加目标灯光，灯光强度大致设置在600lm，如图13-130所示。

图13-129 添加茶几补光

02 在客厅后方添加其他窗户外面照射进来的光线，与之前创建室外光线的方法相同，如图13-131所示。

图13-130 添加座椅补光

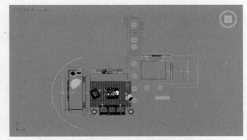

图13-131 添加其他室外光线

03 如图13-132所示为添加补光后的渲染效果，还可根据情况再添加一些灯光，从而打亮房间的各个角落，但补光的亮度要远远低于主光源的亮度，灯光的数量也不宜太多。

图13-132 测试渲染效果

13.4 渲染出图

在材质和灯光效果得到确认后，下面为场景的最终渲染做准备。

13.4.1 渲染光子图

最终出图时，为了节省渲染时间，通常会先渲染光子图。

01 打开"渲染设置"对话框，在"V-Ray"面板中展开"全局控制"卷展栏，然后勾选"不渲染最终的图像"复选框，如图13-133所示，这样可以减少渲染光子图的时间。

图13-133 勾选"不渲染最终的图像"

02 然后展开"图像过滤"卷展栏，勾选"图像过滤器"复选框，并将过滤器设置为"Mitchell-Netravali"，是室内渲染常用的图像过滤器，如图13-134所示，这样设置可以避免图像中物体的边缘出现锯齿。

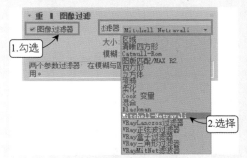

图13-134 设置图像过滤器

03 在"渲染块图像采样器"卷展栏中勾选"最大细分"复选框，并将"最大细分"设置为4，"噪波阈值"设置为0.005，如图13-135所示。

图13-135 设置块图像采样器

04 之后在"全局品控"卷展栏中将"细分倍增"设置为1，使材质、灯光都按各自设置的细分数量进行渲染，设置"最小采样"为16、"自适应数量"为0.7、"噪波阈值"为0.005，如图13-136所示。

图13-136 设置全局品控参数

05 "颜色映射"卷展栏中的"亮度倍增"参数可以调整整张图像的明度，"暗部倍增"参数可以调试整张图像的暗调，具体的参数根据图像实际情况去进行设置，也可在图像渲染完成后进行后期调整，如图13-137所示。

图13-137　设置颜色贴图

06 切换到"GI"面板，然后将"发光贴图"卷展栏中的"当前预设"设置为"中等"，将"细分"和"插值采样"参数全部提高，设置为80，如图13-138所示。

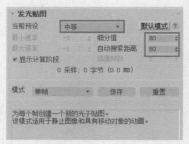

图13-138　设置发光贴图参数

07 展开"灯光缓存"卷展栏，根据计算机的配置情况将"细分值"设置在1000以上，勾选"折回"复选框，渲染静止图像时，"折回"参数设置为2有助于防止暗角出现漏光，如图13-139所示。

图13-139　设置灯光缓存

08 设置好以上参数后就可以渲染光子图，要注意的是，这些参数都是可以根据实际情况进行调整的，并不是固定值。

09 执行渲染，如图13-140所示为渲染完成后的效果，由于勾选了"不渲染最终的图像"复选框，因此图像的效果显示并不完整。

图13-140　渲染效果

◎提示·○

光子图的渲染大小只需要达到最终渲染图像尺寸的1/3即可，使用去渲染最终图像也不会影响到渲染结果。因此，在设置光子图的输出大小时，通常会在最终出图所需的尺寸大小上除以3。需注意，渲染光子图时，除了尺寸与渲染最终图像时使用的不同之外，其他参数一律相同。

10 保存渲染好的光子图文件。在"GI"面板的"发光贴图"卷展栏中单击"保存"按钮，如图13-141所示。

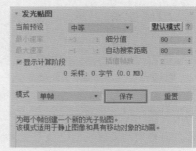

图13-141　启用保存发光贴图

11 在打开的"保存发光贴图"对话框中设置好文件的保存名称和输出路径，并单击"保存"按钮执行保存，如图13-142所示。

图13-142　执行保存

12 之后，用相同的方法保存"灯光缓存"文件，如图13-143和图13-144所示。

图13-143　启用保存灯光缓存

图13-144　执行保存

13.4.2　渲染最终图像

渲染最终图像时，基本不需要进行参数修改，大致分为3个步骤，载入光子图、设置图像大小、禁用"不渲染最终的图像"。下面便根据这3个步骤进行操作。

1. 载入光子图

01 在"渲染设置"对话框的"GI"面板中，将"发光贴图"卷展栏下的"模式"设置为"从文件"，如图13-145所示。然后在弹出的"载入发光贴图"对话框中找到之前渲染的发光贴图文件，并单击"打开"按钮将其载入到当前渲染场景中，如图13-146所示。

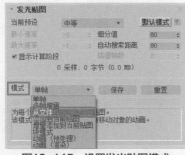

图13-145　设置发光贴图模式

图13-146　载入发光贴图文件

02 载入"灯光缓存"文件的方法与上一步的方法基本相同，但在"灯光缓存"卷展栏中设置好模式后，并不会随即弹出"载入灯光贴图"对话框，而是需要手动单击"浏览文件夹"按钮来打开，如图13-147所示。然后用同样的方法载入之前渲染的灯光贴图文件，如图13-148所示。

图13-147　设置灯光缓存模式

图13-148　载入灯光贴图文件

2. 设置图像大小

03 在"公用"参数面板的"输出大小"选项组中，将"宽度"和"高度"设置为渲染光子图时的3倍，如图13-149所示。

图13-149　设置图像大小

3. 禁用"不渲染最终的图像"

04 在渲染最终图像时，需要将渲染光子图时在"V-Ray"参数面板中勾选的"不渲染最终的图像"设置为禁用，如图13-150所示，这样才可以渲染出完整的图像。

图13-150　禁用"不渲染最终的图像"

05 如图13-151所示为客厅效果图的最终渲染效果。

图13-151　最终渲染效果

知识拓展

　　本章主要介绍了使用3ds Max制作效果图的过程。装修效果图的制作是3ds Max软件应用领域中极为重要的一环，所涉及的软件知识也非常繁杂。除了基本的建模操作之外，还需掌握摄像机镜头、材质、贴图、灯光等工具，有时为了得到最佳的效果图，可能需要反复测试，逐步调整参数，这一过程可能需耗费数十小时之久。因此在制作效果图之前，务必确认再三，以防止因为某处微小的变动而耗费过长的渲染时间。

　　至此本书的全部内容已经完结，衷心希望本书能尽可能地帮助读者解答在学习3ds Max软件中碰到的一些实际问题。

拓展训练

　　运用本章所学的知识，制作书房区域的渲染效果图，如图13-152所示。

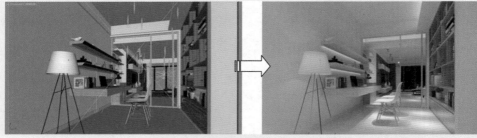

图13-152　拓展训练——制作书房效果图